高校实用办公电脑技能应用

主　编：薛帅通
副主编：周　燚　陈　对　吴松金

东南大学出版社
SOUTHEAST UNIVERSITY PRESS
·南京·

图书在版编目(CIP)数据

高校实用办公电脑技能应用 / 薛帅通主编. -- 南京 ：
东南大学出版社，2024.12. -- ISBN 978-7-5766-1922
-5

Ⅰ. TP317.1

中国国家版本馆 CIP 数据核字第 20249ZC550 号

责任编辑：弓　佩　　　　　　责任校对：子雪莲
封面设计：顾晓阳　　　　　　责任印制：周荣虎

高校实用办公电脑技能应用
GAOXIAO SHIYONG BANGONG DIANNAO JINENG YINGYONG

主　　编：薛帅通
出版发行：东南大学出版社
出 版 人：白云飞
社　　址：南京市四牌楼 2 号　邮编：210096　电话：025 - 83793330
网　　址：http://www.seupress.com
经　　销：全国各地新华书店
印　　刷：广东虎彩云印刷有限公司
开　　本：787 mm×1092 mm　1/16
印　　张：17.75
字　　数：410 千
版 印 次：2024 年 12 月第 1 版第 1 次印刷
书　　号：ISBN 978-7-5766-1922-5
定　　价：78.00 元

本社图书若有印装质量问题，请直接与营销部联系，电话：025-83791830。

前言

　　我是南京财经大学红山学院教务处的一名行政人员，常年兼职辅导员和班主任工作，日常工作中与辅导员、其他部门的行政人员接触很多，因此我发现我的众多同事虽然大部分都是研究生毕业，受过高等教育，但却缺乏对电脑应用技能的掌握，尤其是经常遇到 Office 办公软件使用上的问题和困难，当然他们本人可能并不知道他们遇到的问题或工作存在更便捷的解决方法。于是我便萌生了编写本书的想法，我想采用问答式的编写手法，以高校辅导员、行政人员实际办公应用中经常遇到的问题和困难为导向，直接给出高效解决问题和困难的方法，力求达到便于查阅，案例简洁易懂，方便读者操作，让读者轻松掌握电脑应用技巧，从而提高工作效率。

　　在软件应用的过程中，要想达到或呈现某一种效果，方法可能不止一种，但有的方法过于繁琐，有的方法又不一定能够达到完美的效果，因此本书使用的技巧经实际操作大多是效率较高、效果较好的。

　　本书介绍的很多电脑应用技能是基于微软 Windows 10 操作系统，采用的是金山 WPS Office 办公软件。案例中涉及的人名、学号、身份证号码、出生日期等信息均为杜撰，如有雷同，纯属巧合。

薛帅通

2023 年 10 月

特别说明

1. 本书演示实例所用软件如无特殊说明，均为金山 WPS Office，因具体版本原因，界面略有不同，但不影响理解。

2. 备注说明、注意事项、提醒均以"Remark"开头。

3. 所有操作步骤、关键按钮、设置条件大部分以深色方框圈注。

4. 在 WPS 表格中，函数名称不区分大小写，例如 SUM 函数既可以写成 SUM，也可以写成 sum，还可以写成 Sum。

5. 在 WPS 表格中，函数公式中的大括号、双引号、逗号均采用英文标点符号，但最新的 WPS 版本在多数情况下已经可以将中文标点符号自动转换为英文标点符号。

6. 为了让读者更容易看清函数语法结构，书中在表达函数语法时会使用中文标点符号。

目录

一、基础篇

1. WPS Office 是什么?

WPS Office 是由北京金山办公软件股份有限公司自主研发的一款办公软件套装,可以实现办公软件最常用的文字、表格、演示、PDF 阅读等多种功能。其具有安装简单、内存占用低、运行速度快、云功能多、有强大插件平台支持、免费提供在线存储空间及文档模板的优点。它可完全替代微软的 Office 产品,可谓"国产之光",推荐大家安装使用,本书案例采用的软件即为金山 WPS Office。

2. 学会快速打字

快速打字既可以提高工作效率,也有利于身体健康。作为高校教师,如果打字时是"一指禅"或"弹弹指",不但效率低下,且准确率会很低。如何掌握快速打字的方法? 推荐使用老牌打字练习软件——金山打字通,每天练习 20～40 分钟,1～2 周打字速度就有明显提升。

3. 桌面快捷方式的设置

桌面快捷方式提供了一个快捷进入某个文件/文件夹/程序的渠道,无论文件、文件夹或是某个程序在你电脑上的什么位置,只要将其生成快捷方式并放在桌面,以后直接点击桌面上的快捷方式就可以了,而不用每次都寻找该文件/文件夹/程序的具体存放位置。

设置方法是:首先找到要设置快捷方式的文件/程序/文件夹,然后用鼠标右键点击,在弹出的菜单中选择"发送到(N)"-"桌面快捷方式",如图 1.1 所示,然后发现桌面上已多了一个以该文件/程序/文件夹命名的快捷方式,通过此快捷方式即可快速打开文件/程序/文件夹。

快捷方式的样式如图 1.2 所示,左下角的蓝色小箭头即为快捷方式的重要标识。

Remark:删除桌面快捷方式,并不会删除该文件/程序/文件夹,只不过是删掉了打开文件/程序/文件夹的一个便捷方式。

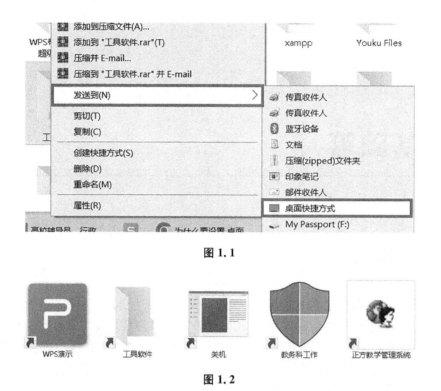

图 1.1

图 1.2

4. 设置快速关机键

用鼠标右键点击电脑桌面空白处,在右键菜单中点击"新建(W)"-"快捷方式(S)",如图 1.3 所示。

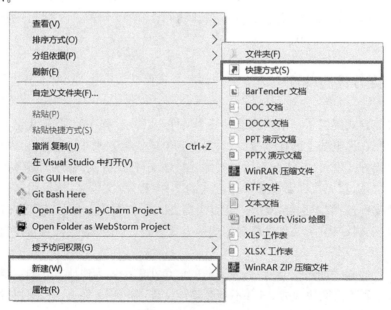

图 1.3

　　在打开窗口的"请键入对象的位置（T）"中输入："shutdown.exe－s－t 0"，如图1.4所示，再点击"下一步（N）"，在"键入该快捷方式的名称（T）"中输入"快速关机"，如图1.5所示，点击"完成（F）"，电脑桌面上就会显示一个"快速关机"图标，如图1.6所示。

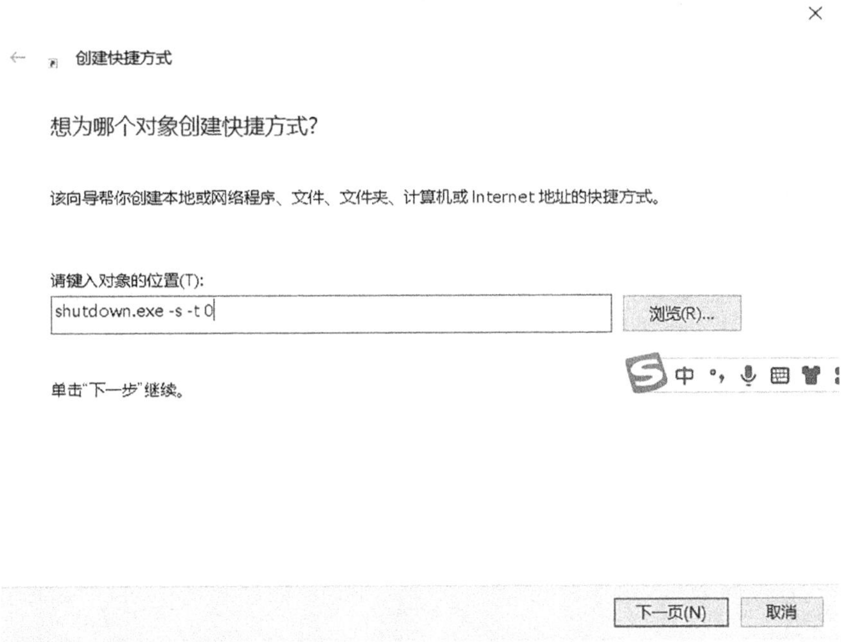

图 1.4

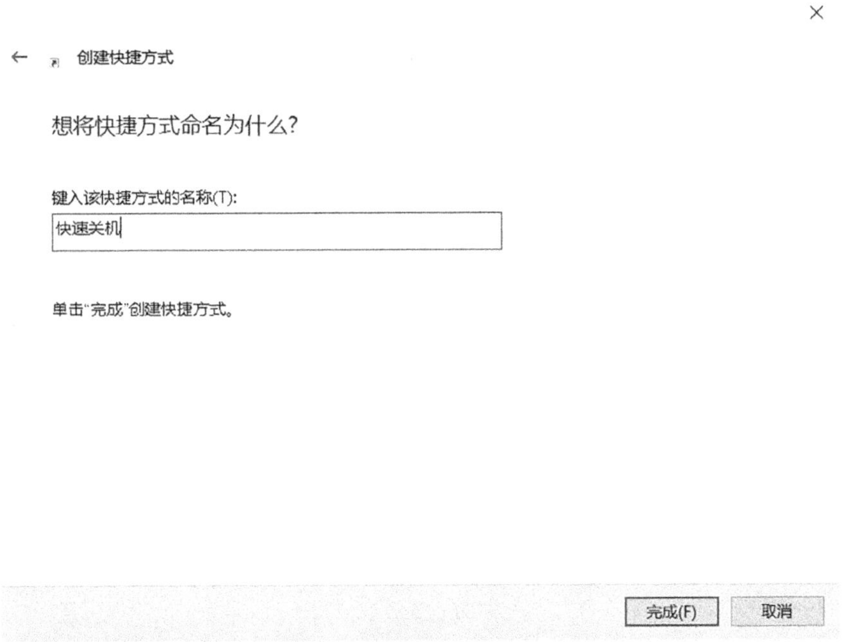

图 1.5

图 1.6

为了使"快速关机"图标容易找到，我们可更改一下"快速关机"的图标使其突出显示，方法是右键点击"快速关机"图标，在右键菜单中点击"属性"，在"快速关机 属性"窗口中点击"更改图标(C)..."，如图 1.7 所示。

快速关机 属性					✕
终端	安全		详细信息	以前的版本	
常规	快捷方式	选项	字体	布局	颜色

　　　　快速关机

目标类型:　　　应用程序

目标位置:　　　System32

目标(T):　　　　C:\Windows\System32\shutdown.exe -s -t 0

起始位置(S):　　C:\WINDOWS\system32

快捷键(K):　　　无

运行方式(R):　　常规窗口　　　　　　　　　　∨

备注(O):

打开文件所在的位置(F)　　更改图标(C)...　　高级(D)...

确定　　　取消　　　应用(A)

图 1.7

此时会弹出一个"更改图标"提示对话框,提示:"文件 C:\Windows\System32\shut-down. exe 不包含图标。请从列表中选择一个图标或指定另一个文件。"如图 1.8 所示,点击"确定",就会打开一个"更改图标"窗口,如图 1.9 所示,选择一个图标左键点击一下,再点击"确定",这时"快速关机 属性"窗口已显示为所选图标,点击"应用(A)"-"确定"。

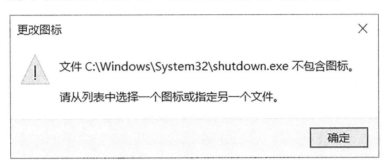

图 1.8

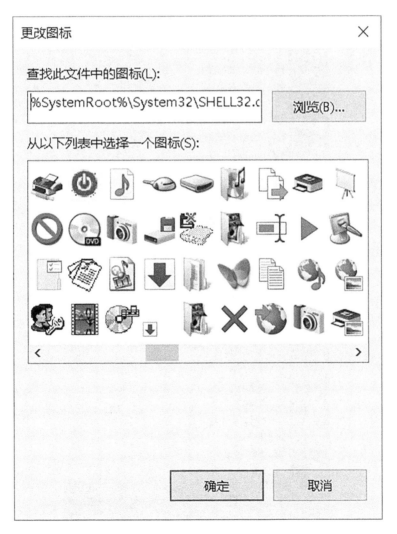

图 1.9

5. 常用软件固定到任务栏

电脑"开始"菜单的右侧区域称为"任务栏",如图 1.10 所示。我们的电脑往往安装有多款软件,为方便工作,可将常用软件添加到任务栏中,使用时直接点击任务栏中的软件图标即可,相当于将软件放置在顺手的位置,那么如何添加呢?

图 1.10

以 QQ 为例,右键点击 QQ 图标,选择"固定到任务栏(K)",如图 1.11 所示,此时任务栏中已添加 QQ 快捷打开方式,如图 1.12 所示。

图 1.11

图 1.12

采用同样的方法,添加微信、腾讯会议、WPS 文字、WPS 表格到任务栏中,最后的效果如图 1.13 所示。

图 1.13

6. Win 10 换回传统经典开始菜单

Classic Shell 是一款开源免费的 Windows 开始菜单工具,它提供了 XP 经典样式、Vista 双栏经典样式、Win 7 双栏进化样式 3 种开始菜单样式,还可以设置自己喜欢的"开始"按钮图标,是一款公认的强大的开始菜单自定义工具。

通俗地说,Classic Shell 是一款 Windows 开始菜单工具,如果你不习惯 Win 10 的开始界面,仍然喜欢 XP 经典开始界面,就可以通过安装、使用此软件,轻松切换到你喜欢的经典开始菜单样式。

设置界面如图 1.14 所示。

图 1.14

7. 关闭360安全卫士的弹出广告

360安全卫士作为国内知名的杀毒软件,安装后可以防止病毒、木马的入侵。

近几年360业务发展已涵盖很多领域,比如手机、云盘、直播、浏览器、智能家居、安全防护等,但其主营业务仍然是互联网安全。在普通用户能够接触到的360业务中,电脑安全防护、手机安全防护仍然是其主业务,主要围绕360安全卫士、360安全杀毒展开。其虽然不是世界上最强大的杀毒软件,但功能还算齐全,只是广告很多,那么如何设置360安全卫士以关闭弹出广告呢?

双击打开360安全卫士,再点击右上角的主菜单,如图1.15所示。

图 1. 15

点击"设置",如图1.16所示。

图 1. 16

点击"功能定制"，对其中勾选的内容全部点击取消勾选，如图 1.17 所示。

图 1.17

点击"弹窗设置"，如图 1.18 所示，然后在下拉菜单中点击"产品推荐提醒"，再点击取消勾选"开启推荐提醒""开启焦点资讯提醒""开启每日趣玩"，如图 1.19 所示。

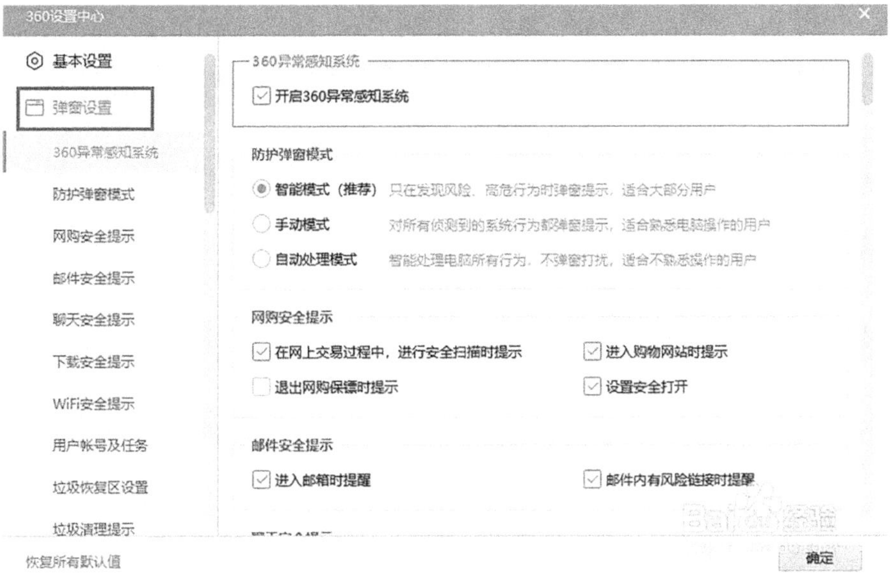

图 1.18

图 1.19

点击"开机小助手",取消勾选"开机后提示本次开机时间""开机显示万年历功能""显示不定期开机推广""智能等待""显示焦点资讯""显示天气预报""我愿意参加360开机时间调查",点击"确定"即可完成设置,如图1.20所示。

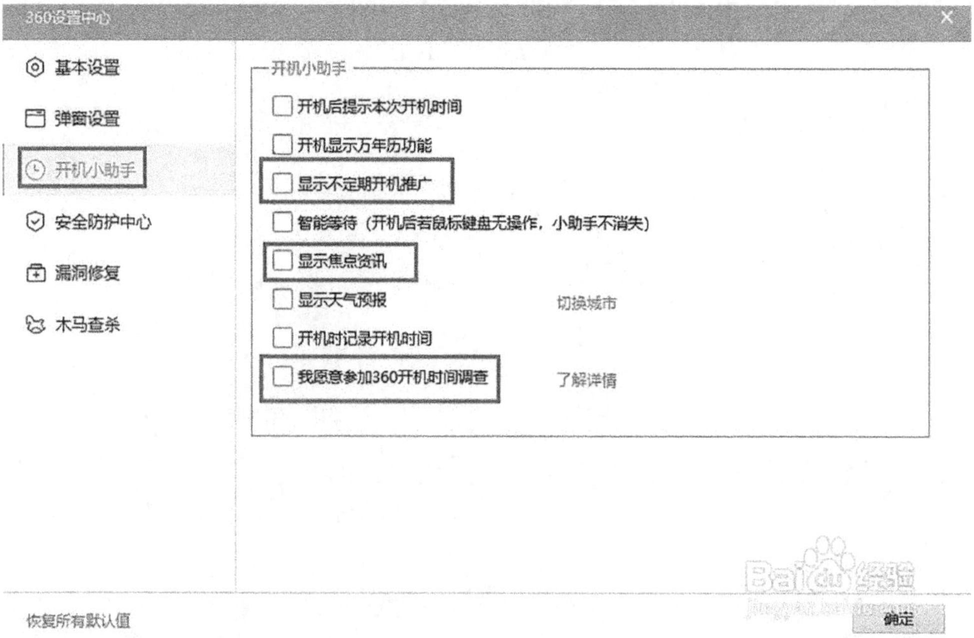

图 1.20

8. 关闭360浏览器的弹出广告

360浏览器有时候会出现一些广告,下面是关闭广告的方法。

打开360安全浏览器,点击浏览器右上角的"打开菜单"按钮,如图1.21所示。

图1.21

点击"设置"按钮,如图1.22所示。

图1.22

点击"实验室",如图 1.23 所示。

图 1.23

取消勾选"今日优选""今日直播""热点资讯""状态栏消息""快资讯"中的所有选项，如图 1.24 所示。

图 1.24

设置完成，如图 1.25 所示。

图 1.25

9. 关闭 WPS 热点及广告推送功能

在"开始"菜单的"所有程序"里找到"WPS Office"，单击"WPS Office 工具"中的"配置工具"，路径如图 1.26 所示，打开"WPS Office 综合修复/配置工具"页面。单击"高级（A）..."按钮，如图 1.27 所示，在"WPS Office 配置工具"中切换到"其他选项"栏，找到"WPS 热点及广告推送"项，勾选"关闭 WPS 热点"和"关闭广告弹窗推送"两项功能，点击"确定"后即可关闭 WPS 软件推送的热点及广告，如图 1.28 所示。

图 1.26

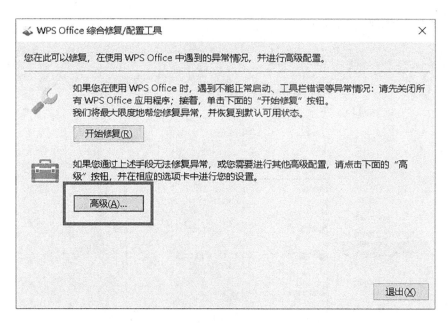

图 1. 27

图 1. 28

Remark：因版本不同，此选项可能被移除，请以实际操作为准。

10. 常用快捷键

（1）Word、Excel 通用快捷键

Ctrl＋S（保存 save）、Ctrl＋C（复制 copy）、Ctrl＋X（剪切，注意 X 像剪刀）、Ctrl＋V（粘贴）、Ctrl＋Z（撤销）、Ctrl＋Y（恢复）、Ctrl＋P（打印 print）、Ctrl＋N（新建 new）、Ctrl＋F（查找 find）、Ctrl＋H（替换）、Ctrl＋A（全选 all）、Ctrl＋B（加粗 bold）、Ctrl＋I（倾斜 incline）、Ctrl＋U（下划线 underline）、Ctrl＋K（超链接 link）。

（2）Word 专有快捷键

Ctrl＋L（左对齐 left）、Ctrl＋E（居中 center）、Ctrl＋R（右对齐 right）、Ctrl＋G（定位，常用于快速跳转页码）、Ctrl＋O（打开 open）、Ctrl＋W（关闭）、Ctrl＋D（打开"字体"对话框）、Ctrl＋Home（跳转到文档顶部）、Ctrl＋End（跳转到文档尾部）、Ctrl＋↑（跳转到上一段落的段首）、Ctrl＋↓（跳转到下一段落的段首）、Ctrl＋Enter（分页）、Ctrl＋－（缩小字体）、Ctrl＋＋（放大字体）。

（3）Excel 专有快捷键

Ctrl＋1（打开格式，注意是数字"1"）、Ctrl＋;（插入当前日期，注意是分号";"）、Enter（换行）、Shift＋Enter（向上换行）、Ctrl＋↑（跳转单元格到最上面）、Ctrl＋↓（跳转单元格到最下面）、Ctrl＋←（跳转单元格到最左面）、Ctrl＋→（跳转单元格到最右面）、Ctrl＋Shift＋↑↓←→箭头（单元格范围选择）、Ctrl＋G（定位，常用于查找符合条件的单元格，和 Word 有区别）、Tab（自动补全函数名称）、Alt＋＝（快速求和）、Ctrl＋E（快速填充）、Ctrl＋Enter（批量录入）。

Remark1：Word 和 Excel 中都有 Ctrl＋E 快捷键，不同的是 Ctrl＋E 在 Word 中是居中，在 Excel 中是快速填充。

Remark2：Word 和 Excel 中都有 Ctrl＋Enter 快捷键，不同的是 Ctrl＋Enter 在 Word 中是分页，在 Excel 中是批量录入。

（4）其他快捷键

Ctrl＋Shift＋N（新建文件夹）、Ctrl＋Shift（切换输入法）、Shift（切换中/英文输入模式）、Win＋R（打开"运行"run，Win 是微软图标，在键盘最下面一排第 2 个、第 3 个或第 4 个位置，样式为 、 或 ）。

（5）控制视频播放器

空格键：播放或暂停。

左箭头：快退，松开按键时停止快退。

右箭头：快进，松开按键时停止快进。

上箭头：增大音量。

下箭头：减小音量。

ESC：退出全屏。

11. 如何和同事共享打印机?

在我们的工作中离不开打印机,但高校不可能人手一台打印机,多数情况下是一个办公室配置一台打印机,让同一办公室的多位辅导员或行政人员共享使用,下面让我们一起学习如何共享打印机。

共享打印机前,办公室必须有一台路由器,所有员工的电脑都通过该路由器上网,无论有线还是 WIFI。

(1) 调试主电脑可以正常打印

首先,将一台电脑连接上打印机(暂且称这台电脑为主电脑),这个很简单,只要把主电脑和打印机通过数据线连接,下载对应的打印机驱动并安装完毕,调试好主电脑使其可以正常打印。

(2) 设置共享属性

找到要共享的打印机,路径是点击"开始"-"控制面板"-"设备和打印机",确定要共享的打印机后,鼠标右键点击选择"打印机属性",如图 1.29 所示,此时打开"打印机属性"窗口,切换到"共享"菜单,如图 1.30 所示,点击"更改共享选项(O)"后勾选"共享这台打印机(S)",输入共享名称,名称可随意,便于识别即可,例如输入"我是共享打印机",如图 1.31 所示。

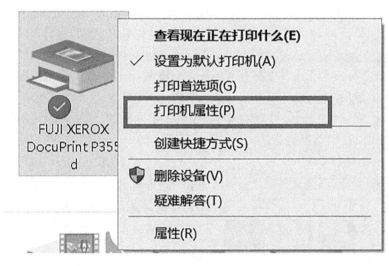

图 1.29

图 1. 30

图 1. 31

（3）设置固定 IP 地址

第一步，确定 IP 地址、默认网关、DNS 服务器信息。

点击"开始"-"运行"，或使用快捷键"Win＋R"，打开"运行"对话框，输入"cmd"后点击"确定"按钮，如图 1.32 所示，进入 DOS 界面，输入命令"ipconfig－all"后回车，显示 windows IP 配置的所有信息，找到并记录 IPv4 地址、子网掩码、默认网关、DNS 服务器等信息，如图 1.33 所示，建议用手机拍照来记录。

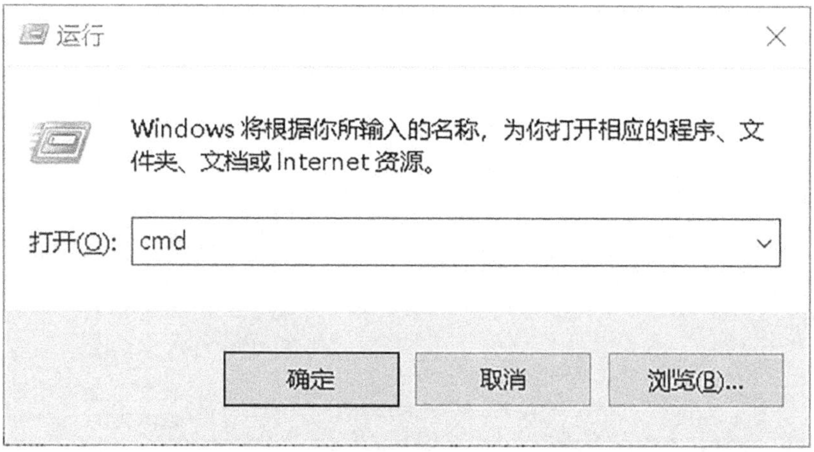

图 1.32

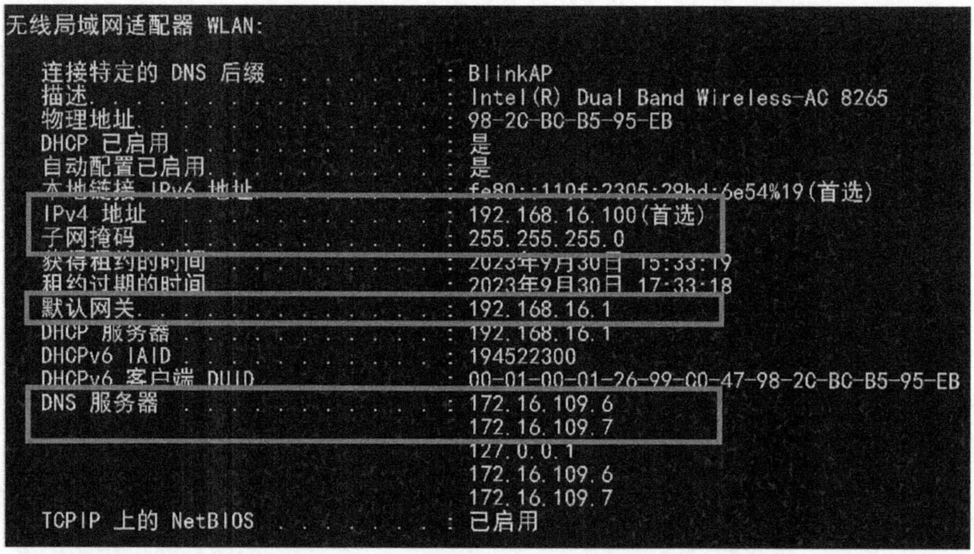

图 1.33

第二步，点击"开始"-"控制面板"，单击"网络和共享中心"，如图 1.34 所示，接着单击"更改适配器设置"，鼠标右键点击要设置的网络连接，选择"属性(R)"，如图 1.35 所示。

图 1.34

图 1.35

第三步,在"属性"对话框中双击"Internet 协议版本 4(TCP/IPv4)",选择"使用下面的 IP 地址",并输入记录的 IP 地址、子网掩码、默认网关和 DNS 服务器地址,最后,点击"确定"按钮保存设置,即可完成对固定 IP 地址的设置。

(4)连接共享打印机

点击"开始"-"运行",或者按下快捷键 Win+R,打开"运行"对话框,在弹出的"运行"对话框里输入主电脑的 IP,输入格式为:\\IP 地址,例如"\\192.168.16.100",如图

1.36 所示,点击"确定",此时出现共享列表,如图 1.37 所示。

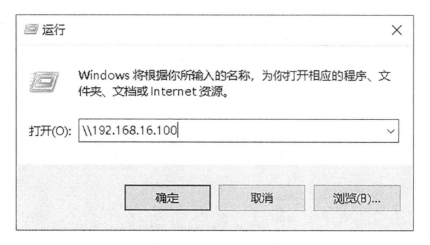

图 **1.36**

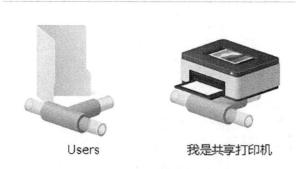

图 **1.37**

双击"共享打印机"图标完成连接,如果出现密码对话框,输入主电脑的密码,至此共享打印机设置完成。

12. 扫描全能王,不止会扫描

扫描全能王,一款集扫描、编辑、管理功能于一体的手机 APP 软件,告别扫描仪繁琐的操作,手机秒变扫描机,还拥有证件照拍摄、拍照翻译等更多功能,让工作学习更高效。其全部功能界面如图 1.38 所示。

(1)高清扫描

手机拍文档,自动去除杂乱背景,生成高清 JPEG 格式图片或 PDF 文件,随时生成复印件,使用分享更方便。

(2)OCR 识别,图片转文本

图片上的长篇文字瞬间变文本,可识别中英日韩等 40 种语言。

图 1.38

（3）全能转换

一键精准提取文字，更支持 PDF、Word、Excel、PPT、大多数图片格式等多种文档格式的自由转换。

（4）PDF 编辑

支持合并、拆分、压缩、批注、添加签名及水印等 PDF 处理工具，还能自由编辑 PDF 内文字。

（5）拍证件照

无需去摄像馆即可拍摄比较专业的证件照，可用于简历、全国大学生英语四六级考试、签证等各类证件，蓝、红、白、灰的背景随意切换，还支持尺寸调整，主流的一寸、二寸、大一寸、小一寸均可选择。

（6）照片高清修复

可将模糊的老照片修复为高清照片。

（7）添加水印

假如你写了一篇文章或者画了一幅画，为了避免发到网上被人转载或盗用，一定要加上水印，做好原创保护，扫描全能王可以帮到你。此外，它还拥有电子签名、文档加密等防伪功能。

（8）拍照翻译

拍照后可将照片上的文字翻译为指定语言。

（9）高效管理

支持手机、平板、电脑等多设备管理文档，支持微信、QQ、邮件、网盘、钉钉、蓝牙、传真、打印机等多渠道分享和上传。

Remark：扫描全能王为付费软件，使用更多功能需付费（版本不同费用不一），假如日常工作中只是偶尔用其扫描功能，可无需付费，只不过生成的扫描文档中会显示"扫描全能王"标志。

下面演示扫描全能王的扫描功能和图片转文字功能。

功能 1：扫描

（1）打开手机中的"扫描全能王"APP，点击 APP 首页底部的拍照按钮。

（2）摄像头对准要扫描的文件，然后拍照，点击"下一步"，如图 1.39 所示。

（3）选择"增强并锐化"或"智能高清"，点击右下角的"√"，如图 1.40 所示。

（4）点击"完成"，如图 1.41 所示。

（5）点击"分享"，如图 1.42 所示。

（6）选择分享格式，如图 1.43 所示。

（7）选择 QQ、微信、钉钉等分享途径，即可将扫描后的文件分享或保存，见图 1.44 所示。

Remark：个别读者可能会有疑问，当前的手机摄像头像素很高，为什么不能直接拍照，非得扫描？原因是扫描件是最大限度还原原件的电子版图片，清晰度更高，色彩平衡比照片均匀，打印出来也不会出现忽明忽暗的情况，而用手机直接拍摄的照片打印出来很容易出现黑乎乎的区域。

图 1. 39

图 1.40

图 1.41

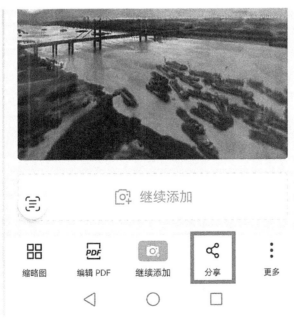

图 1.42

图 1. 43

	以PDF分享 (0.45MB)	
	以Word分享 (0.45MB)	
	以长图分享	
	以图片分享 (0.44MB)	

分享到...

发送给朋友　　发送给好友　　发送到我的电
　　　　　　　　　　　　　脑

钉钉　　发送给同事　　上传　　发送到朋友圈

保存到WPS　　蓝牙　　保存到网盘　　保存到相册
云文档

图 1. 44

功能 2:图片转文字

(1) 打开手机中的"扫描全能王"APP,点击 APP 首页底部的拍照按钮。

(2) 摄像头对准要识别为文字的文件区域,然后拍照,点击"下一步",如图 1.45 所示。

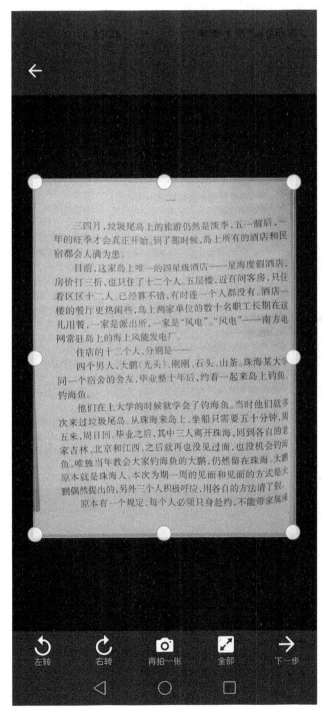

图 1.45

（3）选择"增强并锐化"或"智能高清"，点击底部的"识别文字"，如图1.46所示。

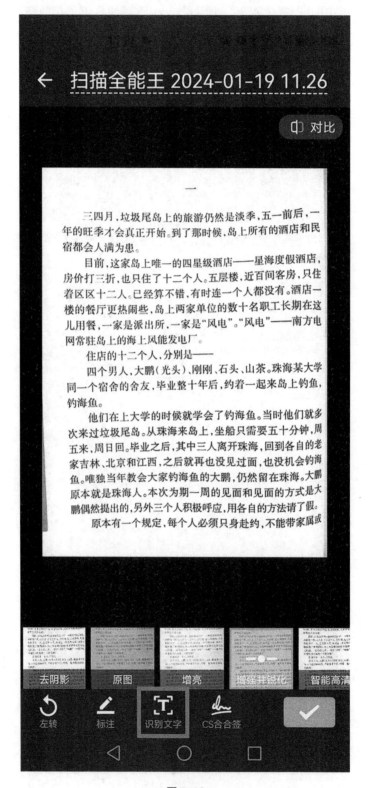

图 1.46

（4）文字识别后，点击软件 APP 底部的"导出"，如图 1.47 所示。

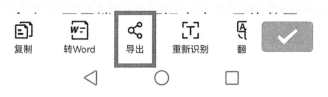

图 1.47

（5）在弹出的"导出"界面中，可选择微信发送给好友、QQ 发送给好友、发送到我的电脑等众多选项，如图 1.48 所示，按需操作即可。

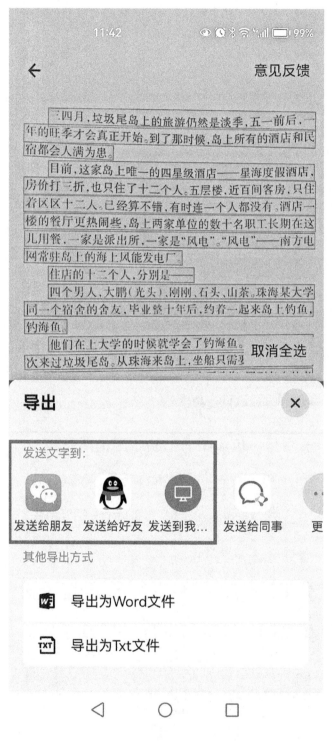

图 1.48

13. 如何设置浏览器的默认主页?

在我们打开浏览器时,希望每次打开的主页刚好就是自己需要的,而事实上浏览器默认主页是浏览器供应商想让你看到的,例如 360 浏览器显示的是 360 导航首页,谷歌浏览器显示的是 google 浏览器的空白页,Microsoft Edge 浏览器显示的是新闻和广告等,这些自带设置给我们的工作带来了不便,那么如何把常用的页面设置为默认主页呢?

(1)谷歌浏览器

谷歌浏览器设置默认主页的步骤如下:

打开谷歌浏览器,点击浏览器右上角的" ⋮ "图标打开"自定义和控制谷歌浏览器"菜单,如图 1.49 所示,在菜单中点击"设置"按钮,切换到"设置"对话框。

图 1.49

在"设置"对话框中,点击"启动时",如图 1.50 所示。

设置

🔍 在设置中搜索

👤 您与 Google

自动填充和密码

🛡 隐私和安全

⏱ 性能

🎨 外观

🔍 搜索引擎

▭ 默认浏览器

⏻ 启动时

🌐 语言

启动时

⦿ 打开新标签页

○ 继续浏览上次打开的网页

○ 打开特定网页或一组网页

图 1.50

选择"打开特定网页或一组网页"选项,同时点击"添加新网页"按钮,如图 1.51 所示。

图 1.51

在"添加新网页"对话框中输入自己喜欢的网址,例如我喜欢百度,就可以输入 www. baidu.com,最后点击"添加"按钮,如图 1.52 所示。

图 1.52

通过以上操作,以后每次打开谷歌浏览器都将默认显示百度首页,如图 1.53 所示。

图 1.53

（2）Microsoft Edge 浏览器

Microsoft Edge 设置默认主页的步骤如下：

打开 Microsoft Edge 浏览器，点击右上角"…"图标，选择"设置"，分别如图 1.54 和图 1.55 所示。

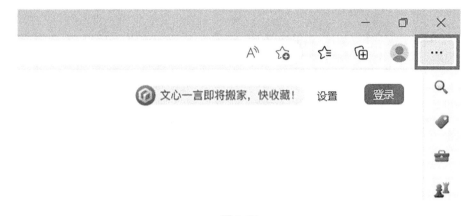

图 1.54

图 1.55

在"设置"对话框中，点击左侧"开始、主页和新建标签页"，选择"打开以下页面"，点击"添加新页面"，如图 1.56 所示。

图 1.56

在"添加新页面"对话框的网址栏中输入想要设定的主页网址,这里仍然输入百度搜索的网址:www. baidu. com,然后点击"添加",如图1. 57所示。

图 1.57

添加完成后,关闭浏览器,重新打开浏览器,显示的网页就是设定的默认主页"百度搜索"了。

(3) 360 浏览器

360 浏览器设置默认主页的方法:

打开 360 安全浏览器,点击右上角"☰"图标,如图 1. 58 所示,选择"设置"菜单。

图 1.58

在"设置"对话框中,第一个菜单"基本设置"中的"启动时打开"即是默认主页设置路径,如图 1. 59 所示,如需修改默认主页,点击"修改主页"即可。

图 1.59

Remark：一般浏览器都支持默认主页设置，以上讲解的设置步骤可能会因浏览器版本的不同而略有差异。

14. 如何快速制作荣誉证书？

网上选购荣誉证书内芯纸张，样式如图 1.60 所示，尺寸尽可能和 A4 接近，纸张太小就会显得小气且增加模板制作难度。

图 1.60

在 Word 中将荣誉证书的模板制作完成，此过程需要花费较长时间，因为荣誉证书的纸张并非完全符合 A4 大小，且带有花纹，需要不断调整页边距，如图 1.61 所示。

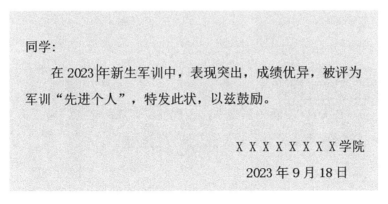

图 1.61

打开 Excel，整理获奖名单并保存，暂且保存为"获奖名单.xlsx"，Excel 编辑内容如图 1.62 所示。

在奖状模板中点击"邮件"-"邮件合并"-"打开数据源",选择文件"获奖名单.xlsx",将鼠标光标放置在"同学"之前,然后点击"插入合并域",选择"获奖姓名"后点击"插入(I)",如图1.63所示。此时Word模板多了"获奖姓名"几个字,如图1.64所示。点击"合并到新文档",如图1.65所示。保留默认选项"全部(A)"后点击"确定",如图1.66所示。此时荣誉证书已经批量生成了,如图1.67所示,确认无误后,在打印机中放入荣誉证书内芯纸张,点击"打印"。

图1.62   图1.63

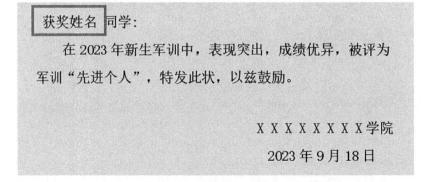

图1.64

图 1.65

图 1.66

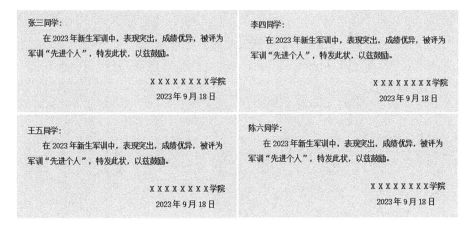

图 1.67

15. 如何快速制作带照片的准考证?

制作准考证和制作荣誉证书方法类似,也是要用到邮件合并功能,此处不再详细介绍。二者不同的是准考证要插入相应考生的照片,其难点也在于此。

第一步,将所有在校生的照片放到同一文件夹内,照片文件以学生学号命名(也可以用身份证号或准考证号命名,保证名称唯一即可,不可以用姓名命名,因为有可能会重名),将照片所在的文件夹放到 F 盘,具体位置为:F:\准考证打印\photo,请注意照片存放路径并不重要,重要的是后面要指明路径,如图 1.68 所示。

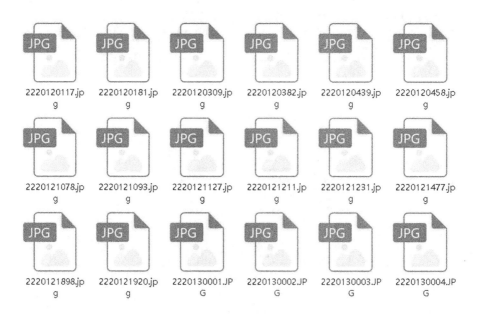

图 1.68

第二步,用 Excel 整理考生名单,其中最重要的是要增加一个"照片"字段,内容为照片的路径:F:\\准考证打印\\photo\\学号.jpg。注意,一定要用双斜杠,保存为"考试信息.xlsx",内容如图 1.69 所示。

	A	B	C	D	E
1	姓名	学号	班级	照片	课程
2	范*琦	2220140079	国贸1451	F:\\准考证打印\\photo\\2220140079.jpg	国际投资与跨国经营
3	李*飞	2220140143	国贸1451	F:\\准考证打印\\photo\\2220140143.jpg	国际投资与跨国经营
4	周*喆	2220140706	国贸1451	F:\\准考证打印\\photo\\2220140706.jpg	国际投资与跨国经营
5	陈*青	2220140713	国贸1451	F:\\准考证打印\\photo\\2220140713.jpg	国际投资与跨国经营
6	李*坤	2220141520	国贸1451	F:\\准考证打印\\photo\\2220141520.jpg	国际投资与跨国经营
7	李*一	2220141751	国贸1451	F:\\准考证打印\\photo\\2220141751.jpg	国际投资与跨国经营
8	刘*辰	2220140118	国贸1452	F:\\准考证打印\\photo\\2220140118.jpg	国际投资与跨国经营
9	陈*昊	2220140718	国贸1452	F:\\准考证打印\\photo\\2220140718.jpg	国际商法
10	郑*斌	2220141422	国贸1452	F:\\准考证打印\\photo\\2220141422.jpg	国际商法
11	林*芳	2220141423	国贸1452	F:\\准考证打印\\photo\\2220141423.jpg	国际投资与跨国经营
12	王*瑜	2220140936	会计1454	F:\\准考证打印\\photo\\2220140936.jpg	International Accounting, 审计学
13	张*青	2220140613	会计1455	F:\\准考证打印\\photo\\2220140613.jpg	International Accounting, 审计学, 职业发展与就业基础2

图 1.69

Remark:Excel"照片"字段 D2 单元格的公式可以写为:="F:\\准考证打印\\photo\\"&B2&".jpg"。

第三步,在 Word 中制作好准考证模板,建议插入考试主管部门印章抠图,方便准考证制作完成后进行彩色打印,无需再费时费力地去盖章。制作好模板后使用"邮件合并"功能导入文件"考试信息.xlsx",通过"插入合并域"依次插入"姓名""学号""班级""课程",如图 1.70 所示。

图 1.70

第四步,将光标移动到照片所在单元格,点击"插入"选项卡,选择"文档部件"按钮,选择"域(F)..."选项,如图 1.71 所示,在"域"设置对话框中,选择"插入图片",在"域代码(C):"中"INCLUDEPICTURE "的后面补上一个名称,该名称可以任意,请注意该名称一定要用英文模式下的双引号引起,暂且起名为"2",最终"域代码(C):"中的内容是"IN-CLUDEPICTURE "2"",如图 1.72 所示,点击"确定"后照片输入框中未显示照片,如图1.73 所示,无需担心,继续进行下一步。

图 1.71

图 1.72

第五步,按组合键 Alt＋F9,模板变了样,如图 1.74 所示,选中"2"(即刚才插入域时随意起的那个名称),如图 1.75 所示,然后点击"邮件合并"中的"插入合并域",选择"照片"后插入,再按组合键 Alt＋F9,此时仍然无照片显示,不必担心,继续进行下一步。

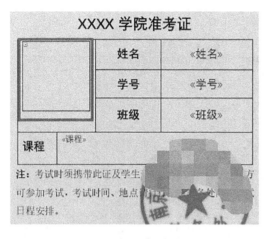

图 1.73   图 1.74

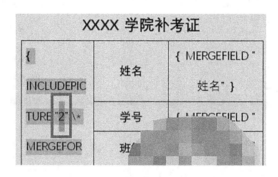

图 1.75

第六步,点击"合并到新文档",默认"全部"后点击"确定",此时生成一个新文档,在新文档中,按下快捷键 Ctrl＋A 全选,再按 F9(如果是笔记本电脑需要按 Fn＋F9),照片终于显示了,此时,每一页纸上只能显示一张准考证,现在可以将其保存为 PDF 格式,完成准考证的制作;而如果需要一页纸上显示多张准考证,请继续进行第七步、第八步。

第七步,按快捷键 Ctrl＋H 打开"查找和替换"对话框,将光标放在"查找内容(N)"的输入框中,点击"特殊格式(E)",选择"分页符(B)",如图 1.76 所示,然后点击"全部替换(A)"后关闭对话框,可以看到一页中已有多份准考证,如图 1.77 所示。

第八步,保存新文档为 PDF 格式。为什么要保存为 PDF 格式?那是因为 PDF 格式文件便于传送、打印,同时也能减少准考证被人篡改的风险。

Remark1:如果找不到 WPS 的邮件功能,说明需要自行添加,路径是"文件"-"选项"-"自定义功能区",搜索关键词"邮件"添加,详细方法请用浏览器查询。

图 1.76

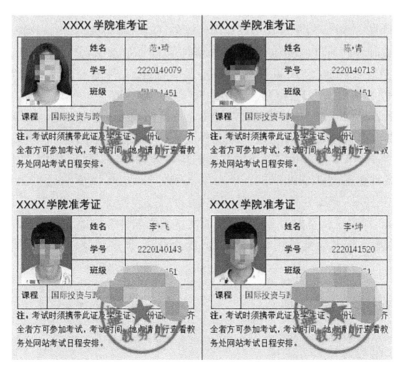

图 1.77

Remark2：照片命名须保证唯一，以防张冠李戴。例如学号、身份证号、报名号是唯一的，而姓名就不是唯一的，不同的两个人有可能都叫"张三"。

Remark3：照片须统一存放在某一路径，路径可随意，案例中的路径只是举例。

Remark4：插入"域"-"插入图片"时命名可随意，特别注意的是名称要用英文模式下的双引号引起。

Remark5：不同电脑因系统版本、Word厂商、Word版本的差异，打开同一 Word 文档也可能显示不一致（排版时会发生变化），加上有图片链接，还有防伪的原因，所以要保存为 PDF 格式。

Remark6：与 WPS Word 相比，微软 Office Word 的邮件功能更完善，如需制作带照片的准考证、录取证书、毕业证等，推荐使用微软 Office Word 。

16. PDF 文件有何优缺点？

（1）优点

文件更完整：PDF 文件可以轻松实现与人共享，其中包含的字体、图像、表格和格式都将以完全相同的方式显示，传输或移动文件也不必担心任何限制，可以使需要传达的信息以与预期完全相同的方式传达；而不会像 Word 文档会存在一些字体丢失、显示不一致（个人电脑上显示一页，其他人打开变成了 2 页）的情况，或者因为办公软件版本的不一致导致不兼容而打不开文件，也不会像 PPT 演示文稿可能会缺少图像。

可移植性高：大家可能不理解术语"可移植性"是什么意思。以一棵树木来举例，如果可移植性不好的话，移植后会出现扎根慢、感染各种疾病甚至死掉等水土不服问题。而 PDF 文件可移植性高，意思是 PDF 文件可以在任何设备、任何操作系统上打开和查看，而不会因为操作系统或软件的不同而影响文件的格式和内容。

安全系数大：PDF 文件可以被加密和签名，以保证文件的安全性和完整性。此外，PDF 文件还可以被设置为只读，防止其他人对文件进行修改。

占用空间小：Word 或其他格式的文件转换为 PDF 格式后占用空间更小，因此可节省存储空间、传输时间、下载时间。压缩后的 PDF 文件质量不会受到影响，因为文件格式保持不变。

排版效果好：PDF 文件保留了原始文档的排版效果，包括字体、颜色、图像和布局等，因此，PDF 文件更适合打印和发布。

（2）缺点

编辑困难：PDF 文件不能用 Word 或其他文本编辑软件轻松地编辑和修改。如果需要对 PDF 文件进行编辑，需要使用专业的 PDF 编辑软件，或者将其转换为其他格式再进行编辑。

17. 如何转换成 PDF 文件？

（1）Word 转普通 PDF

打开 Word 文档后，点击"文件"-"输出为 PDF"，保存默认选择"普通 PDF"和保存目录为"源文件目录",如图 1.78 所示,点击"开始输出",会显示输出状态进度条,如图 1.79 所示,输出完毕即显示"输出成功"。

图 1.78

图 1.79

（2）Word 转纯图格式 PDF

以上进行的是普通转换（或者叫文字格式 PDF 转换），如果想增加文件被他人编辑的难度,在转换 PDF 文件时,可选择"纯图 PDF"选项,如图 1.80 所示。

图 1.80

（3）Word 转加密 PDF

如果文件很重要，可设置打开密码，不允许被编辑、复制或打印。首先打开"高级设置"，按钮位置如图 1.81 所示。

图 1.81

打开"高级设置"后按照自己所需进行设置后退出，完成输出转换即可。

Remark：设置"限制编辑、复制、打印"时只需要输入一对密码，设置"文件打开密码"时则需要输入两对密码，如图 1.82 所示。

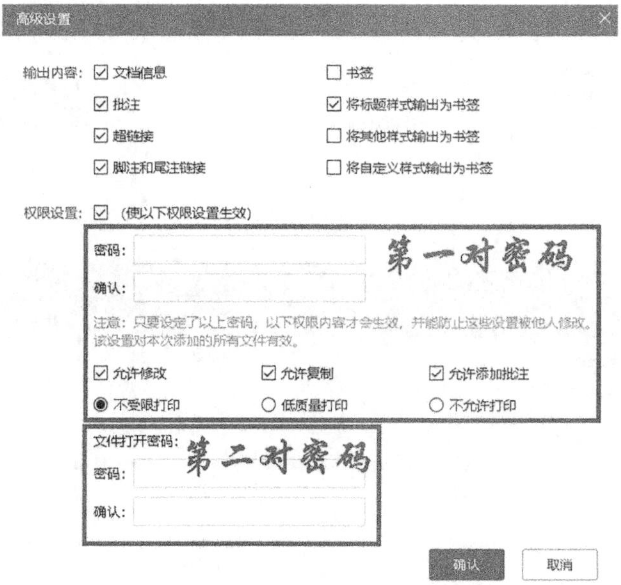

图 1.82

如果设置了"限制编辑、复制、打印"密码，则他人试图对 PDF 文件进行相应操作时，会弹出如图 1.83 所示的对话框。

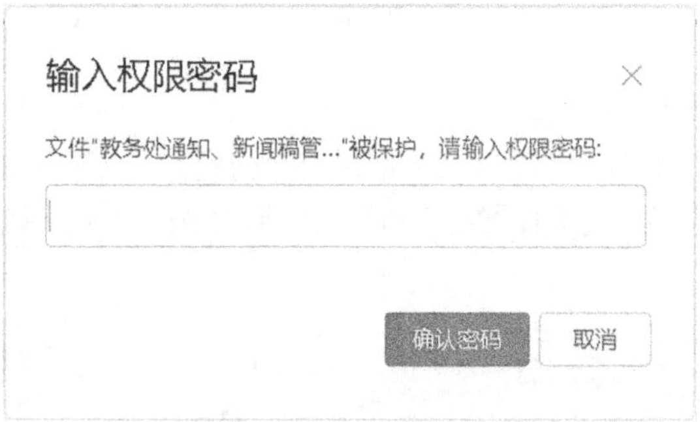

图 1.83

如果设置了"文件打开密码",则他人试图打开 PDF 文件时,会弹出如图 1.84 所示的对话框。

图 1.84

（4）网页转 PDF

浏览网页时,如遇好的文章,可使用"打印为 PDF 文件"的方式进行本地保存,具体操作方法为:

按快捷键 Ctrl＋P 调出"打印"对话框,"目标打印机"设置为"另存为 PDF",点击"保存",如图 1.85 所示,选择保存路径后即可将网络文章保存为 PDF 文件,只不过无法做到纯净保存,而是会将整个网页的所有内容全部保存下来,包括广告、链接等无关内容。

图 1.85

（5）PPT 转 PDF

首先打开文件，按下快捷键 Ctrl＋P 调出"打印"对话框，打印机的"名称（M）"选择"导出为 WPS PDF"（也可以选择"Microsoft Print to PDF"，但有些用户的电脑无此选项），如图 1.86 所示，点击"确定"。

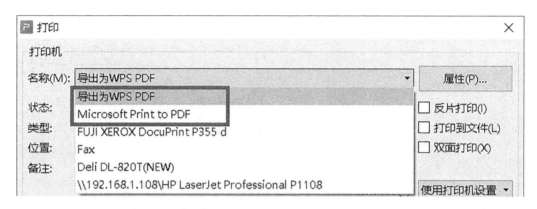

图 1.86

另外一种转换途径是点击"文件"-"输出为 PDF（F）"，如图 1.87 所示。在"输出为PDF"对话框中，选择"普通 PDF"或"纯图 PDF"，如图 1.88 所示，与 Word 转 PDF 操作方法一致。

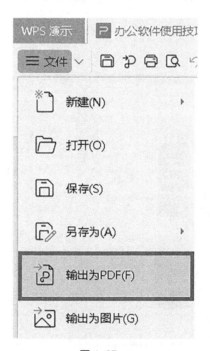

图 1.87

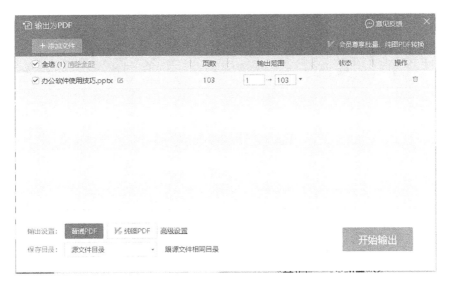

图 1.88

18. 文字格式 PDF 文件如何编辑？

在"16. PDF 文件有何优缺点？"中我们讲到，PDF 不易被编辑，为了避免别人篡改文件，可以将 Word 保存为 PDF 再传送，但"不易"并不代表"不能"，只不过编辑的难度要更大一点，需要借助专门的 PDF 查看、编辑软件，比如 WPS PDF，只要 PDF 未设置"限制编辑"权限就仍然可以进行编辑，那么如何编辑呢？

用 WPS PDF 软件打开 PDF 文件，如图 1.89 所示，点击"编辑"-"编辑文字"，如图 1.90 所示，此时文件变为如图 1.91 所示样式，每段文字周围均显示一个外框，同时菜单也变为如图 1.92 所示样式。在框中可直接编辑段落文字，同时还可以移动段落文字，如图 1.93 所示，完成编辑后点击"退出编辑"即可。

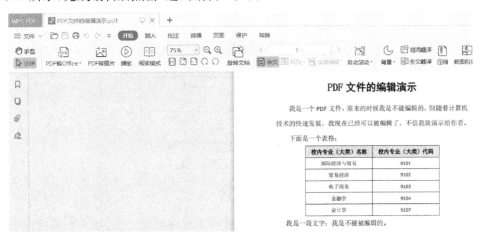

图 1.89

图 1.90

PDF 文件的编辑演示

　　我是一个 PDF 文件，原来的时候我是不能编辑的，但随着计算机技术的快速发展，我现在已经可以被编辑了，不信我就演示给你看。

　　下面是一个表格：

校内专业（大类）名称	校内专业（大类）代码
国际经济与贸易	9101
贸易经济	9102
电子商务	9103
金融学	9104
会计学	9107

我是一段文字：我是不能被编辑的。

图 1.91

图 1.92

PDF 文件的编辑演示

　　我是一个 PDF 文件，原来的时候我是不能编辑的，但随着计算机技术的快速发展，我现在已经可以被编辑了，不信我就演示给你看。

　　下面是一个表格：

校内专业（大类）名称	校内专业（大类）代码
国际经济与贸易	9101
贸易经济	9102
电子商务	9103
金融学	9104
会计学	9107

我是一段文字：我现在已被编辑，以此为证

图 1.93

　　Remark：移动文字时，需要将鼠标光标放置在边框的边缘位置，待光标变成四个方向的箭头"✛"时，如图 1.94 所示，按住鼠标左键拖动或使用键盘上的上下左右箭头即可完成段落文字的位置移动。

我是一段文字：我现在已被编辑，以此为证

图 1.94

19. 图片格式 PDF 文件如何编辑？

图片格式 PDF 与文字格式 PDF 格式的区别是：图片格式 PDF 的每页都是一张图片，当点击"编辑"-"文字编辑"按钮时，段落文字四周并不会出现外框，与点击"编辑"-"文字编辑"按钮之前的界面相比并无变化。而用鼠标左键点击时会出现如图 1.95 所示的小框，可在小框中输入文字，如图 1.96 所示。

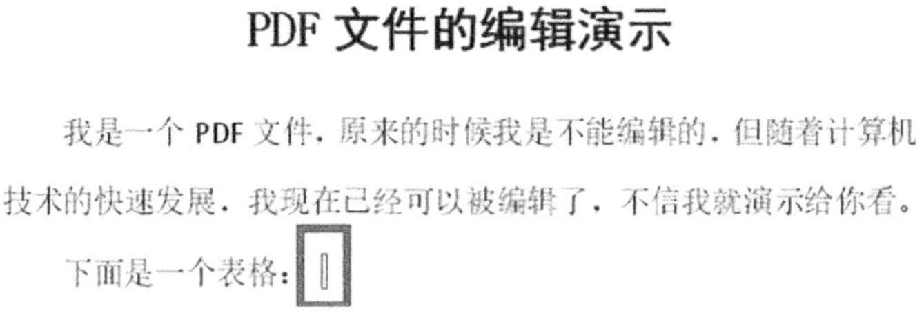

PDF 文件的编辑演示

我是一个 PDF 文件，原来的时候我是不能编辑的，但随着计算机

技术的快速发展，我现在已经可以被编辑了，不信我就演示给你看。

下面是一个表格：

图 1.95

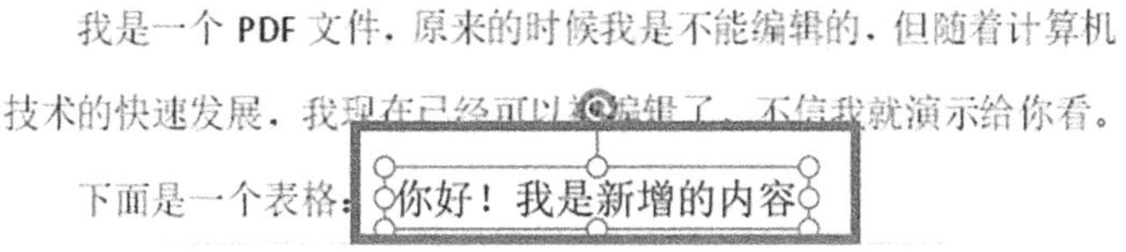

我是一个 PDF 文件，原来的时候我是不能编辑的，但随着计算机

技术的快速发展，我现在已经可以被编辑了，不信我就演示给你看。

下面是一个表格：你好！我是新增的内容

图 1.96

不过在 PDF 中插入文字往往不是我们想要的结果，我们想要的是修改 PDF 中的原有内容，该怎么办呢？可采用"曲线救国"的方式，方法如下：

如果是修改少量文字且文字个数相等，例如要将"遥遥领先"改为"保持前列"，都是 4 个字，可先擦除需要修改的文字"遥遥领先"，然后再在原来的位置插入文字"保持前列"，不过需要注意的是插入的文字应尽可能和文件原本的文字字体、大小、颜色一致。

擦除文字的方法是点击"编辑"-"擦除"按钮，如图 1.97 所示，此时鼠标光标变成空心十字状（就像一把标尺，便于定位），在"遥遥领先"的"遥"字前面开始拖动鼠标左键，完成擦除操作。

插入文字的方法是点击"插入"-"插入文字"按钮，光标仍然是空心十字状，在原先"遥遥领先" 4 个字的位置插入文字"保持前列"，点击"退出编辑"完成更改。

Remark：插入的文字和文件原本的文字字体、大小、颜色完全协调一致较难实现，原

图 1.97

因是 PDF 几乎都是由 Word 转换而成的,在转换成图片格式 PDF 的时候,会失真。除此之外,我们只能推测 PDF 所用字体,要做到 100% 准确有难度。

如果要修改的文字数量前后不同,但相差无几,可擦除整个段落,然后再插入,方法与前一致。

如果一页中要修改的地方很多,可使用图片替换的方法实现。先编辑自己需要的内容,转换为图片后备用;再打开要编辑的 PDF 文件,切换到要替换的页面,点击"编辑"-"图片编辑",点击要替换的页面,再点击"替换图片"按钮,如图 1.98 所示,选择图片完成替换后点击"退出编辑"。

图 1.98

20. 抠图

Photoshop 中比较常用的功能就是抠图,但 Photoshop 安装复杂且学习困难,因此本书推荐一个自动抠图的工具。

浏览器搜索"remove.bg",打开后页面如图 1.99 所示。

图 1.99

点击 remove. bg 网站的"上传图片"按钮,选择如图 1.100 所示的图像文件。

图 1.100

稍等片刻,图像中的人物便被自动抠出,点击"下载"按钮进行图片下载,如图 1.101 所示。

Remark:在 remove. bg 上,对 25 万像素以内(如 625×400)的图片进行抠图永久免费;对高于 25 万像素的图片进行抠图则需要支付费用。

图 1.101

21. 简单的图片编辑

Adobe Photoshop,简称"PS",是由 Adobe 公司开发和发行的图像处理软件。使用其众多的编修与绘图工具,可以方便快捷地进行图片编辑工作。

不过 PS 是一款专业的图像编辑软件,功能强大,操作复杂。它有很多专业级的工具和功能,如混合模式、色彩调整、图层管理等,需要花费一定的时间和精力去学习掌握,对于绝大部分高校教职工来讲,熟练使用并不容易,那么有没有一个简单的软件,容易上手且可满足常规的图片编辑需求呢?

实际上是有很多这样的软件的,常见的如:万能图片编辑器、GIMP、360 看图、GPS 图片等,它们都具有抠图、换背景、制作证件照、加马赛克、添加文字、增减水印等功能,下面让我们一起来学习万能图片编辑器的使用。

Remark:万能图片编辑器为付费软件。

首先下载并安装万能图片编辑器。

在电脑桌面上,点击打开万能图片编辑器,其首页如图 1.102 所示。

图 1. 102

(1) 批量图片压缩

点击"批量图片压缩"-"添加文件夹"或"添加图片",设置压缩参数后,点击"开始压缩",如图 1.103 所示。

图 1. 103

（2）人像抠图

下面将对如图 1.104 所示的旅游照进行人像抠图。

图 1.104

点击软件首页的"人像抠图"按钮，显示的界面如图 1.105 所示。

图 1.105

添加图片后，软件会自动去除背景，完成人像抠图，如图 1.106 所示。

图 1.106

点击"立即保存"保存抠图。

（3）人像抠图后转换背景

操作前需先准备一张背景图片，作为人像抠图后的背景。点击软件首页的"人像抠图"后选择如图 1.104 所示的旅游照，得到人像抠图照片，点击"自定义"按钮中的"＋"图标，如图 1.107 所示。

图 1.107

选择事先准备好的背景图片,如图 1.108 所示。

图 **1.108**

稍等片刻,便得到合成后的图片,如图 1.109 所示。

图 **1.109**

如需调整人像位置及大小,可先用鼠标左键点击人像,此时人像上会出现图片方框,如图 1.110 所示。

图 1.110

将鼠标光标放置在方框的一个角上拖拽即可完成人像图片大小的调整。

将鼠标放置在人像上,待鼠标光标变为十字形状"✛"时,拖拽即可完成人像位置的调整。

调整完毕后,点击"立即保存"完成合成图片的保存,如图 1.111 所示。

图 1.111

（4）制作证件照

首先准备一张人脸目视前方的人物照片，可以是生活照，也可以是旅游照，我们仍然用图 1.104 中的照片来制作证件照。

点击软件首页的"智能证件照"按钮，添加图片后，万能图片编辑器软件将自动去除背景，同时将背景更改为天蓝色，如图 1.112 所示。如需调整背景，直接点击右侧"更换背景"中的背景颜色即可。

图 1.112

点击图片右侧的"调整尺寸"按钮，就会显示九宫格框线，如图 1.113 所示。

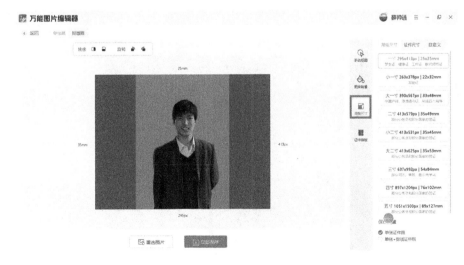

图 1.113

将鼠标光标移动到九宫格框线的右下角,如图 1.114 所示。

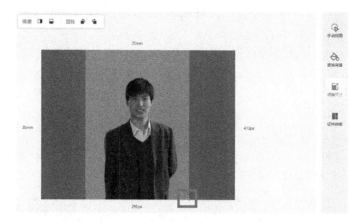

图 1. 114

按住鼠标左键拖拽调整九宫格框线的大小,如图 1.115 所示。

图 1. 115

将九宫格框线拖拽到人物头部位置,如图 1.116 所示。

图 1. 116

点击"立即保存"按钮保存证件照,最后的效果如图 1.117 所示。

图 1.117

（5）物品抠图

物品抠图和人像抠图操作方法相似,也是上传图片后软件自动去除背景,以图 1.118 的汽车图片为例,上传后将会生成如图 1.119 所示的抠图效果。

图 1.118

图 1.119

（6）去掉水印

点击软件首页的"图片去水印"按钮，选择图片后，弹出图片去水印的操作步骤（如图1.120所示）：先使用矩形/圆形选框或画笔工具，选中要去除的水印区域；再点击下方"去除水印"按钮，即可获得无水印图片。

图 1.120

使用"涂抹"工具选中要去除的水印区域，如图1.121所示，然后点击"去除水印"按钮，得到的效果如图1.122所示。

图 1.121

图 1. 122

（7）修复老照片

点击软件首页的"老照片修复"按钮，选择图片后，软件将自动修复老照片。修复前后对比如图 1.123 所示。

修复前　　　　　　　　　　　修复后

图 1. 123

（8）模糊人脸修复

点击软件首页的"模糊人脸修复"按钮，选择图片后，软件将自动修复模糊人脸。修复前后对比如图 1.124 所示。

修复前　　　　　　　　　　　修复后

图 1.124

（9）黑白照片上色

点击软件首页的"黑白照片上色"按钮，选择图片后，软件将智能为黑白照片上色。上色前后对比如图 1.125 所示。

上色前　　　　　　　　　　　上色后

图 1.125

（10）图片放大

点击软件首页的"无损放大"按钮，先选择图片，然后设置"放大倍数"，点击"立即保存"。

（11）消除不想要的区域

如果想去掉图片中不想要的区域，可点击软件首页的"高级消除笔"按钮，先选择图

片,然后用涂抹笔、矩形工具或圈选工具选择不想要的区域,最后点击"立即保存",如图
1.126 所示的是消除图片中的"小树"的前后对比。

消除前　　　　　　　　　　　　　　　　　消除后

图 1.126

Remark:如果选择不想要的区域后消除效果不理想,可重复操作几次。

除了以上功能,万能图片编辑器还有添加文字、添加水印、拼图、海报拼图、添加古装、
照片去雾、合成 GIF 等诸多功能,感兴趣的读者可自行学习。

22. 汉字转拼音

实用汉字转拼音软件是一款非常优秀的汉字转拼音软件,不但支持中文简体字、繁体
字、粤语字转换为汉语拼音,还支持多种汉字拼音标注格式,支持将转换结果导出为
WORD、WPS、HTML 格式。该软件为免费软件,由江志键开发共享,浏览器搜索"实用
汉字转拼音(KTestpinyin)"下载后无需安装及注册即可使用,初始界面如图 1.127 所示。

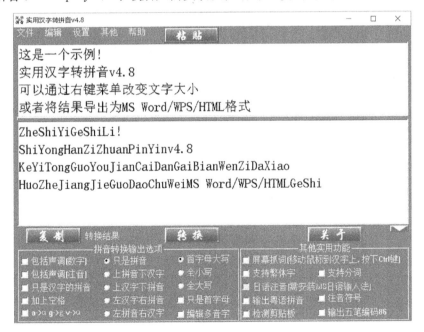

图 1.127

如果你是一位新生辅导员或班主任,即将参加新生入学后的第一次班会,害怕念错学生的姓名,该怎么办呢?利用"实用汉字转拼音"工具提前做好准备即可。具体方法是从班级 Excel 花名册中将学生的姓名粘贴在软件的输入框内,按下"Enter"键,输出框中即显示转换后的拼音,如图 1.128 所示,点击"复制"后将拼音粘贴到班级花名册中。

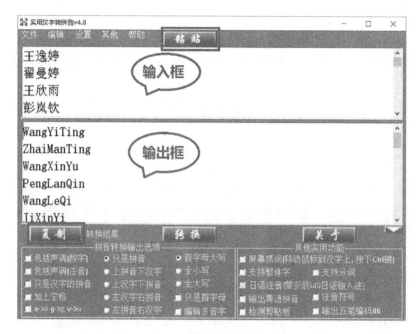

图 1.128

23. 科研论文翻译软件

对于高校工作者来说,做科研、写论文是基本功,经常需要查阅外文文献,因此,了解并学会使用一些翻译软件非常重要。

(1) CNKI 翻译助手

这是一个由中国知网开发制作的大型在线辅助翻译工具,可以输入词汇或者粘贴句子进行翻译,目标语言支持中文和英文,输入之后就可以快速翻译出来了,界面如图 1.129 所示。

(2) DeepL

这是号称比谷歌翻译准确度更高的一个翻译网站,无需登录和订阅,支持多种格式的文档翻译。DeepL 模仿人脑神经的工作方式进行翻译,尤其是对有学术性要求的文章或者非小说类纪实文学作品等,准确率和流畅度极高。除此之外,它还具有替换功能,替换后的整个句式语法也是自动匹配的。在浏览器中搜索"DeepL",找到官方网站即可使用,翻译界面如图 1.130 所示。

DeepL 的文档翻译功能支持上传 pdf、docx 或者 pptx 格式文件,上传之后选择目标语言即可进行翻译,完成之后将译文文档下载到本地进行查看,如图 1.131 所示。

图 1.129

图 1.130

图 1.131

（3）Grammarly

这是一个免费语法纠错网站、英文写作增强平台，只要把文章复制粘贴，它就能自动检测潜在的语法、拼写、标点、择词以及风格上的错误或不得当之处。它可以检测超过250种语法规范，功能强大；如果安装了网页的插件，还可以在写论文的同时进行纠正，十分方便。网站界面如图 1.132 所示。

图 1.132

Remark：Grammarly 主要功能是纠正语法，以及检查单词拼写是否有误。它会为句子的每一处错误提供建议，你可以根据建议进行修改。

（4）Quillbot

这是一款集降重（Paraphraser）、润色（Grammar Checker）和总结（Summarizer）于一体的科研神器。Paraphraser 可以通过替换词语和调整句子结构的方式对比降重，避免抄袭问题。Grammar Checker 用于语法修改，减少语法错误，提升文章语法水平。Summarizer 可以在长的文章或段落中标注出中心句，这样就可快速了解文章中心大意；也可使用 Summarizer 把文章的研究背景或研究结论总结成几个句子，作为自己论文的研究现状。浏览器输入"Quillbot"找到官方网址，网站界面如图 1.133 所示。

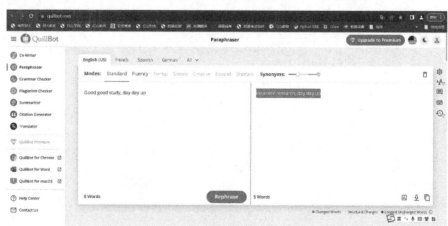

图 1.133

Remark：写作普通论文，用 CNKI 翻译助手即可；写作要发表的核心论文，推荐搭配使用 DeepL、Grammarly、QuillBot，首先使用 DeepL 进行中译英，然后利用 Grammarly 检查语法是否有误，最后用 QuillBot 进行语句润色。

24. 如何收集照片？

高校中，照片采集是一项常见工作，例如采集考试报名照片、青年大学生学习截图、安全打卡截图等，如何高效采集照片或截图呢？

（1）QQ 群的群相册功能

新建一个 QQ 群，在 QQ 群的群相册中创建相册，邀请所有需提交照片或截图的人员入群，然后向指定的相册文件夹下上传照片，如图 1.134 所示。

图 1.134

此方法的缺点是：①不便于核实未上传人员姓名；②隐私性差，QQ 群中所有成员均能看到他人上传的照片。

（2）腾讯文档的收集表功能

第一步：在浏览器中搜索"腾讯文档"，用 QQ 或微信扫码登录。

第二步：新建一个收集表，命名为"照片收集"，选择基础类型并录入名称，如"请输入学号"（问答题）、"请填写姓名"（问答题）、"请上传证件照片"（图片题），然后点击"＋填写名单"，如图 1.135 所示。

第三步：在"添加新名单"对话框中，可通过导入文件或手动录入的方式设置填写对象，如图 1.136 所示。

第四步：点击"发布"，分享给收集照片的对象。收集对象打开后的填写界面如图 1.137 所示。

Remark：设置名单后，只有名单中的人员才可以填写。收集表创建者可以查看已填写人员和未填写人员。

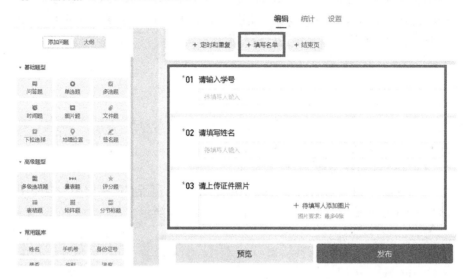

图 1.135

图 1.136

图 1.137

第五步:收集对象上传照片后,发布者可以点开收集表,切换到"统计"界面,查看已填写人员及填写结果,同时可下载收集结果到本地(包括照片),如图1.138所示。

图1.138

(3)群报数

群报数是一款微信小程序,类似腾讯文档收集器,但功能更多,其界面如图1.139所示。

打开"群报数"微信小程序,点击首页底部的"常用功能"下的"收集图片"创建一个收集页面,点击"添加填表项",选择"图片"以及其他需要收集的信息,例如学号、姓名等。其支持设置预设名单,可一眼查看谁未填写,另外还支持设置结束时间,将收集到的照片自动处理为统一的格式,自定义照片命名等。

(4)问卷星

问卷星是一个专业的在线问卷调查、考试、测评、投票平台,在高校中的应用场景包括学术调研、社会调查、在线报名、在线投票、信息采集、在线考试等,具有快捷、易用的特点,也可用于照片的收集。

25. 如何批量重命名照片文件?

虽然网络上有多款批量重命名照片软件,如万能图片编辑器、Batch Image Renamer等,可快速整理和规范图片的命名,但其往往只限于对照片添加统一的前缀和规则的序号,对高校辅导员或行政人员来说并不适用,因为高校中使用的照片,其命名规则基本只有两种,一种是以学号命名,另一种是以身份证号命名。

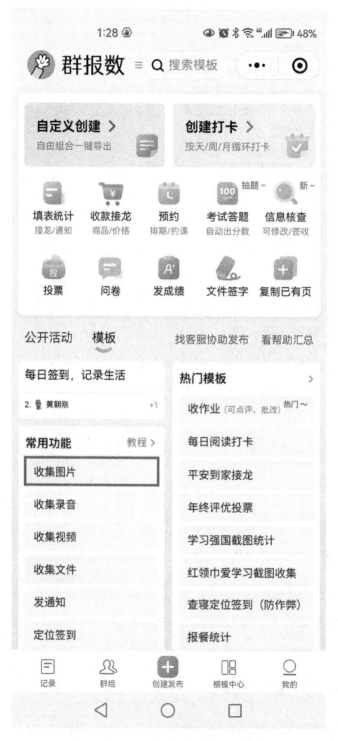

图 1.139

Remark：不能以姓名命名的原因在于姓名不具唯一性，即存在学生重名的现象，以姓名命名易产生混淆。

为使收集到的学生照片符合规定，首先能够想到的方法是：在设置收集表信息时，考虑到学校使用照片的命名方式，如需“学号”命名，设置成学生必须填写“学号”，在下载时即以“学号”命名；同理，如需以“身份证号”命名，就设置成学生必须填写“身份证号”，下载时即以“身份证号”命名。

假如当前已有照片的命名方式为“学号”，需改为“身份证号”，该如何完成批量重命名工作？

首先，将需要重命名的照片存放在某一文件夹内，例如“F:\照片目录”。

新建一个 Excel 文件，设置 3 个字段，分别是“学号”“身份证号”和“公式”，同时将学号对应的身份证号都填写完整（学号、姓名、身份证号等学生信息可从教务管理系统或学生管理系统下载），同时在“公式”列的 C2 单元格中输入公式：="ren F:\照片目录\"&A2&". JPG "&B2&". jpg"，公式的返回值是：ren F:\照片目录\3320170001. JPG 130804300008040416. jpg，其中“ren”是 Dos 命令中重命名的意思，总的含义是将“F:\照片目录”中的图片“3320170001. JPG”重命名为“130804300008040416. jpg”，如图 1. 140 所示。

C2　fx　="ren F:\照片目录\"&A2&". JPG "&B2&". jpg"

	A	B	C
1	学号	身份证号	公式
2	3320170001	130804300008040416	ren F:\照片目录\3320170001. JPG 130804300008040416. jpg
3	3320170002	330134188801393338	
4	3320170003	330483188313180933	
5	3320170004	33048330001016306X	
6	3320170005	330933300108183658	
7	3320170006	330835300008083533	
8	3320170007	331183300113060066	
9	3320170008	331381300101031889	
10	3320170009	331333300106368013	
11	3320170010	33038118891108353X	
12	3320170011	363433300108098435	
13			

图 1. 140

将鼠标光标放置于 C2 单元格的右下角，待光标变为实心十字“✚”后，双击鼠标左键，批量得到重命名 Dos 命令，最终的效果如图 1. 141 所示。

	A	B	C
1	学号	身份证号	公式
2	3320170001	130804300008040416	ren F:\照片目录\3320170001. JPG 130804300008040416. jpg
3	3320170002	330134188801393338	ren F:\照片目录\3320170002. JPG 330134188801393338. jpg
4	3320170003	330483188313180933	ren F:\照片目录\3320170003. JPG 330483188313180933. jpg
5	3320170004	33048330001016306X	ren F:\照片目录\3320170004. JPG 33048330001016306X. jpg
6	3320170005	330933300108183658	ren F:\照片目录\3320170005. JPG 330933300108183658. jpg
7	3320170006	330835300008083533	ren F:\照片目录\3320170006. JPG 330835300008083533. jpg
8	3320170007	331183300113060066	ren F:\照片目录\3320170007. JPG 331183300113060066. jpg
9	3320170008	331381300101031889	ren F:\照片目录\3320170008. JPG 331381300101031889. jpg
10	3320170009	331333300106368013	ren F:\照片目录\3320170009. JPG 331333300106368013. jpg
11	3320170010	33038118891108353X	ren F:\照片目录\3320170010. JPG 33038118891108353X. jpg
12	3320170011	363433300108098435	ren F:\照片目录\3320170011. JPG 363433300108098435. jpg

图 1. 141

在电脑界面的任意空白处单击鼠标右键,在弹出菜单中选择"新建"-"文本文档",如图 1.142 所示。

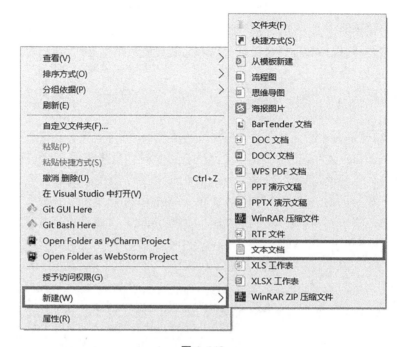

图 1.142

将"新建文本文档.txt"文件更名为"rename.bat"。

Remark:更名时不但要更改文件名,也要更改后缀".txt"为".bat",即批处理(Batch)文件,简称 bat 文件,也称为批处理脚本文件。顾名思义,批处理就是对某对象进行批量处理,通常被认为是一种简化的脚本语言,应用于 DOS 和 Windows 系统中,后缀为".bat",运行时直接双击,编辑时需右键点击并选择"编辑"而非双击。

在文件"rename.bat"图标上点击鼠标右键,选择"编辑",如图 1.143 所示,注意不是双击。

图 1.143

将 Excel 表"公式"列的内容复制粘贴到刚刚打开的"rename.bat"文件中,保存退出。双击"rename.bat"运行批处理文件,运行界面如图 1.144 所示。

图 1. 144

批处理文件运行结束后,运行界面会自动消失。

打开原始图片存放的路径,即"F:\照片目录",可以看到重命名后的图片,如图 1. 145 所示。

| My Passport (F:) > 照片目录 |
| 在 照片目录 中搜索 |

33038118 89110835 3X.jpg　33048330 00101630 6X.jpg　13080430 00080404 16.jpg　33013418 88013933 38.jpg　33048318 83131809 33.jpg　33083530 00080835 33.jpg　33093330 01081836 58.jpg　33118330 01130600 66.jpg　33133330 01063680 13.jpg　33138130 01010318 89.jpg　36343330 01080984 35.jpg

图 1. 145

Remark:批量将照片从"身份证号"重命名为"学号"的方法与上面的方法基本一致,只需将 Excel 中的"公式"第一列中存放"身份证号"信息,第二列中存放对应"学号"信息即可。重命名照片后,可将 Excel 文件和 bat 文件保存为模板,方便以后继续使用。

26. 如何分拣照片?

偶尔需要从大量照片中分拣出所需的少量照片,例如在全校学生的照片中分拣出某个班级学生的照片,该如何操作呢?

分拣照片和上一节讲解内容"如何批量重命名照片文件?"在操作方法上有相似之处,都是以 Excel 文件和 bat 文件配合使用,具体操作步骤为:

首先将照片都放置在某一文件夹内,例如"F:\照片存放目录"。

新建一个 Excel 表文件,设置 3 个字段,分别是"学号""姓名"和"公式",将"学号"列和"姓名"列填写完整(学生信息可从教务管理系统或学生管理系统下载),同时在"公式"列的 C2 单元格中输入公式:="copy F:\照片原始目录\"&A2&". jpg F:\存放目录\ >>F:\copy. log",公式的返回值是:copy F:\照片原始目录\2220151608. jpg F:\存放目录\ >>F:\copy. log,如图 1. 146 所示,其中"copy"是 Dos 命令中复制的意思,总的含义是将"F:\照片原始目录"中的照片 2220151608. jpg 复制到"F:\存放目录"文件夹中,同时将复制情况记录到 F 盘的日志文件"copy. log"中。

将鼠标光标放置 C2 单元格的右下角,待光标变为实心十字"✚"后,双击鼠标左键,批量得到复制照片 Dos 命令,最终的效果如图 1. 147 所示。

	C2		f_x	="copy F:\照片原始目录\"&A2&". jpg F:\存放目录\ >>F:\copy. log"	

▲	A	B	C
1	学号	姓名	公式
2	2220151608	夏侯惇	copy F:\照片原始目录\2220151608. jpg F:\存放目录\ >>F:\copy. log
3	2220151599	甘宁	
4	2220151606	太史慈	
5	2220151612	魏延	
6	2220151549	姜维	

图 1. 146

▲	A	B	C
1	学号	姓名	公式
2	2220151608	夏侯惇	copy F:\照片原始目录\2220151608. jpg F:\存放目录\ >>F:\copy. log
3	2220151599	甘宁	copy F:\照片原始目录\2220151599. jpg F:\存放目录\ >>F:\copy. log
4	2220151606	太史慈	copy F:\照片原始目录\2220151606. jpg F:\存放目录\ >>F:\copy. log
5	2220151612	魏延	copy F:\照片原始目录\2220151612. jpg F:\存放目录\ >>F:\copy. log
6	2220151549	姜维	copy F:\照片原始目录\2220151549. jpg F:\存放目录\ >>F:\copy. log
7	2220151550	刘备	copy F:\照片原始目录\2220151550. jpg F:\存放目录\ >>F:\copy. log
8	2220151515	关羽	copy F:\照片原始目录\2220151515. jpg F:\存放目录\ >>F:\copy. log
9	2220151553	张飞	copy F:\照片原始目录\2220151553. jpg F:\存放目录\ >>F:\copy. log
10	2220151559	赵云	copy F:\照片原始目录\2220151559. jpg F:\存放目录\ >>F:\copy. log
11	2220151557	马超	copy F:\照片原始目录\2220151557. jpg F:\存放目录\ >>F:\copy. log
12	2220151562	黄忠	copy F:\照片原始目录\2220151562. jpg F:\存放目录\ >>F:\copy. log
13	2220151525	孙策	copy F:\照片原始目录\2220151525. jpg F:\存放目录\ >>F:\copy. log
14	2220151533	司马懿	copy F:\照片原始目录\2220151533. jpg F:\存放目录\ >>F:\copy. log
15	2220151532	诸葛亮	copy F:\照片原始目录\2220151532. jpg F:\存放目录\ >>F:\copy. log
16	2220151528	庞统	copy F:\照片原始目录\2220151528. jpg F:\存放目录\ >>F:\copy. log
17	2220151543	鲁肃	copy F:\照片原始目录\2220151543. jpg F:\存放目录\ >>F:\copy. log
18	2220151534	貂蝉	copy F:\照片原始目录\2220151534. jpg F:\存放目录\ >>F:\copy. log
19	2220151573	甄姬	copy F:\照片原始目录\2220151573. jpg F:\存放目录\ >>F:\copy. log

图 1. 147

在电脑界面的任意空白处点击鼠标右键,在弹出菜单中选择"新建"-"文本文档",如图 1. 148 所示。

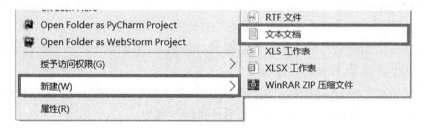

图 1. 148

将"新建文本文档. txt"文件更名为"copy. bat"。

在文件"copy. bat"上点击鼠标右键,选择"编辑",如图 1. 149 所示,注意不是双击。

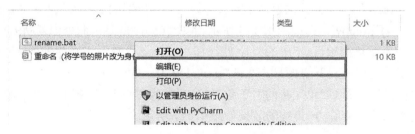

图 1. 149

将 Excel 表"公式"列的内容复制粘贴到刚刚打开的"copy. bat"文件中,保存退出。

双击"copy. bat"运行批处理文件,此时弹出运行界面,运行界面消失说明运行结束。

打开"F:\存放目录",可以看到分拣到的图片,如图 1.150 所示。

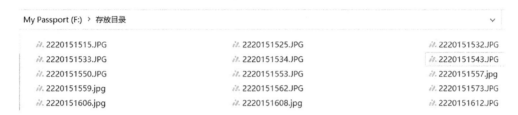

图 1. 150

打开日志文件"copy. log"文件,内容如图 1.151 所示。

将日志文件内容粘贴到 Excel 文件表格中,如图 1.152 所示。

通过 Excel"筛选"功能,可发现有哪些照片未分拣到,如图 1.153 所示。未分拣到的照片可联系学生要求其提供。

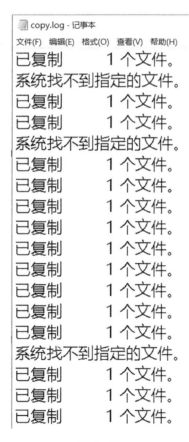

图 1. 151

学号	姓名	公式	筛选
2220151608	夏侯惇	copy F:\照片原始目录\2220151608.jpg F:\存放目录\ >>F:\copy.log	已复制 1 个文件。
2220151599	甘宁	copy F:\照片原始目录\2220151599.jpg F:\存放目录\ >>F:\copy.log	系统找不到指定的文件。
2220151606	太史慈	copy F:\照片原始目录\2220151606.jpg F:\存放目录\ >>F:\copy.log	已复制 1 个文件。
2220151612	魏延	copy F:\照片原始目录\2220151612.jpg F:\存放目录\ >>F:\copy.log	已复制 1 个文件。
2220151549	姜维	copy F:\照片原始目录\2220151549.jpg F:\存放目录\ >>F:\copy.log	系统找不到指定的文件。
2220151550	刘备	copy F:\照片原始目录\2220151550.jpg F:\存放目录\ >>F:\copy.log	已复制 1 个文件。
2220151515	关羽	copy F:\照片原始目录\2220151515.jpg F:\存放目录\ >>F:\copy.log	已复制 1 个文件。
2220151553	张飞	copy F:\照片原始目录\2220151553.jpg F:\存放目录\ >>F:\copy.log	已复制 1 个文件。
2220151559	赵云	copy F:\照片原始目录\2220151559.jpg F:\存放目录\ >>F:\copy.log	已复制 1 个文件。
2220151557	马超	copy F:\照片原始目录\2220151557.jpg F:\存放目录\ >>F:\copy.log	已复制 1 个文件。
2220151562	黄忠	copy F:\照片原始目录\2220151562.jpg F:\存放目录\ >>F:\copy.log	已复制 1 个文件。
2220151525	孙策	copy F:\照片原始目录\2220151525.jpg F:\存放目录\ >>F:\copy.log	已复制 1 个文件。
2220151533	司马懿	copy F:\照片原始目录\2220151533.jpg F:\存放目录\ >>F:\copy.log	已复制 1 个文件。
2220151532	诸葛亮	copy F:\照片原始目录\2220151532.jpg F:\存放目录\ >>F:\copy.log	已复制 1 个文件。
2220151528	庞统	copy F:\照片原始目录\2220151528.jpg F:\存放目录\ >>F:\copy.log	系统找不到指定的文件。
2220151543	鲁肃	copy F:\照片原始目录\2220151543.jpg F:\存放目录\ >>F:\copy.log	已复制 1 个文件。
2220151534	貂蝉	copy F:\照片原始目录\2220151534.jpg F:\存放目录\ >>F:\copy.log	已复制 1 个文件。
2220151573	甄姬	copy F:\照片原始目录\2220151573.jpg F:\存放目录\ >>F:\copy.log	已复制 1 个文件。

图 1.152

图 1.153

Remark：分拣照片后，可将 Excel 文件和 bat 文件保存为模板，方便以后继续使用。

27. 插入加减乘除、对、错、圆圈、实心圆圈、方框、方框中对号、m²、m³ 等特殊符号

方法 1：将"＋－×÷√×○●□☑m²m³"等特殊字符保存在 word 文档中，需要用到这些特殊字符时，复制粘贴即可。

方法 2：点击"插人"-"符号"后查找所需字符，如图 1.154 所示。

图 1.154

方法 3：将输入法切换到"搜狗输入法"，点击搜狗输入法面板上类似键盘的图标，再点击"符号大全"，如图 1.155 所示。

图 1.155

打开"符号大全"后的界面如图 1.156 所示，查找所需符号，选择相应符号即可。

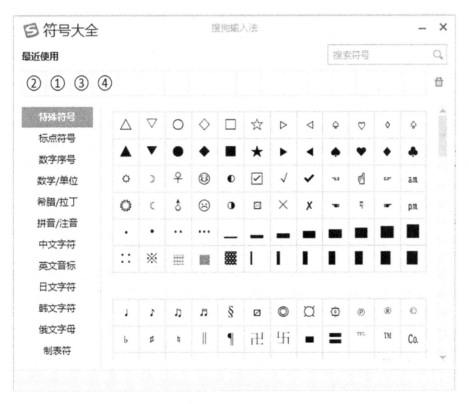

图 1.156

方法 4："搜狗输入法"可直接输入一些特殊字符，方法是先输入拼音，如"dui"，在后面的状态栏中选择"5 √"，如图 1.157 所示。

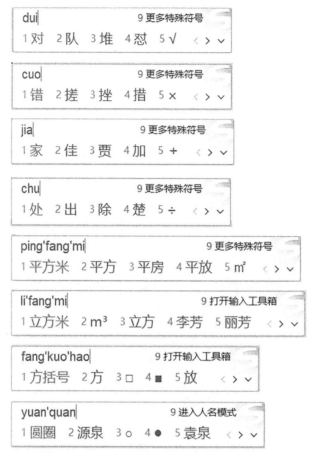

图 1.157

28. 屏幕视频录制工具

高校中，屏幕视频录制的应用场景主要集中在以下几个方面：

在线教育：屏幕录制可以用于制作在线课程、教学视频等，帮助学生自主学习。

学术交流：线上学术会议、讲座等场合，通过屏幕录制可以记录整个过程，便于无法参加的人员回看和讨论。

辅助教学：教师可以利用屏幕录制来辅助课堂教学，例如展示案例、软件操作演示等。

课堂互动：通过屏幕录制开展在线互动学习，如学生录制自己的学习心得并分享给其他同学。

学校宣传与推广：将学校的特色课程或活动进行屏幕录制，用于学校宣传或推广。

湖南一唯信息科技有限公司开发的 EV 软件系列，拥有 EV 录屏、EV 剪辑、EV 加密、EV 视频转换等多项功能。

Remark：EV 录屏基本功能免费，要想使用全部功能则需付年费。

利用 EV 录屏软件录制视频的操作步骤如下：

首先要在电脑上安装"EV 录屏"软件，打开后的主界面如图 1.158 所示。

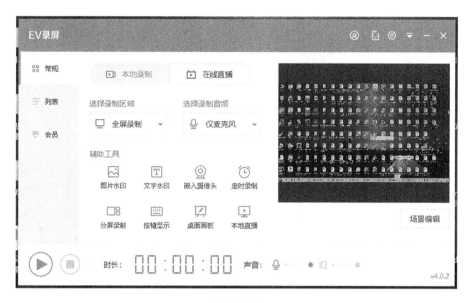

图 1.158

点击主界面左下角的""按钮，如图 1.159 所示，进入录屏 3 秒倒计时，如图 1.160 所示。

图 1.159

图 1.160

录制完成或需要停止时,点击红色方框小图标,如图 1.161 所示。

图 1.161

在弹出的屏幕录制列表中,可对刚刚录制的视频进行重命名,如需其他操作可点击右侧的"⋯"按钮,如图 1.162 所示。

图 1.162

点击屏幕录制列表右侧的"⋯"按钮,可选择"播放""重命名""高清转码""文件位置""上传分享"和"删除",根据需要操作即可,如图 1.163 所示。

图 1.163

Remark:EV 录屏并非只能录制电脑屏幕,也可通过麦克风采集用户声音,这点尤为重要。

29. 如何输入生僻字，或者自己不认识的字？

利用"搜狗输入法"的"手写输入"功能，点击搜狗输入法面板上类似键盘的图标，再点击"手写输入"，如图 1.164 所示。

图 1.164

在手写区域用鼠标绘制生僻字的字形，此时触发输入法返回与用户所绘制字形相关的候选项，用户选择要输入的生僻字即可，如图 1.165 所示。

图 1.165

30. 如何截取视频、合并视频、转换视频格式？

在高校工作的行政人员、辅导员偶尔会遇到剪切、合并、编辑视频和转换视频格式的场景，如制作班会所用视频、制作校园公众号新闻视频等，如何使用工具完成视频的截取、合并及格式转换呢？

　　视频剪辑软件有很多，如剪映、迅捷视频转换器、Movie maker、Shotcut 等，感兴趣的读者可自行学习，这里主要介绍一款视频播放器软件——QQ 影音，可用它来完成视频的截取、合并和格式转换。

　　（1）视频截取

　　使用 QQ 影音软件打开要截取的视频文件，点击左下角的"影音工具箱"，选择"截取"，如图 1.166 所示。

　　在"视频截取"界面中，先选择要截取的视频片段（即开始时间和截止时间），一般保持默认参数即可，然后点击"保存"按钮，如图 1.167 所示，选择保存位置后再次点击"保存"即可。

图 1.166

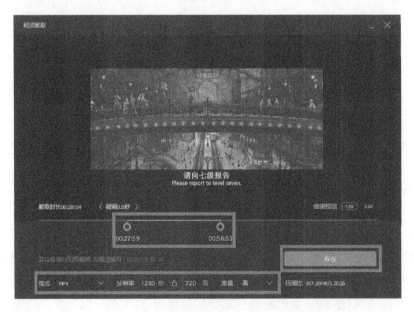

图 1.167

（2）合并视频

打开 QQ 影音播放器软件，点击"影音工具箱"中的"视频合并"，如图 1.168 所示。

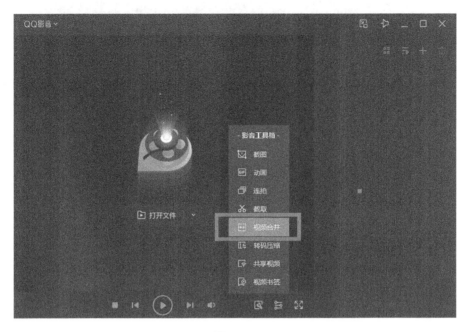

图 1.168

选择要合并的视频，如图 1.169 所示。

Remark：如仅需选择一条视频，可直接点击视频；如需同时选择多条视频，应按住"Ctrl"键同时依次点击所需视频。

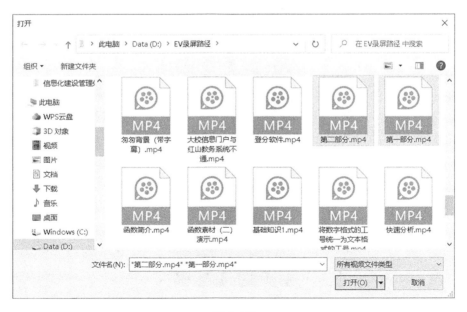

图 1.169

点击"保存"按钮,如图 1.170 所示,然后选择保存路径,设置保存文件的名称即可完成视频的合并操作。

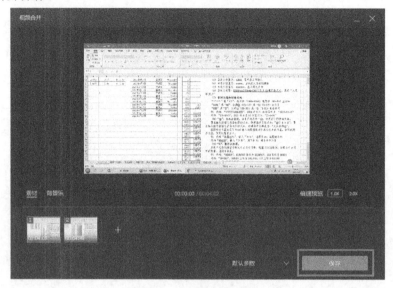

图 1.170

（3）转换视频格式

点击 QQ 影音软件"影音工具箱"中的"转码压缩",如图 1.171 所示。

图 1.171

选择要转码的原始视频文件,同时设置转码参数,选择保存路径后,点击"开始"按钮,如图 1.172 所示。

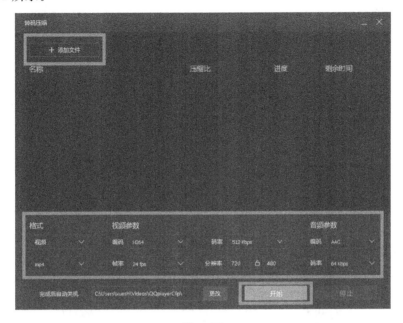

图 1.172

31. 如何提取图片中的文字?

要提取图片中的文字,方法有很多种,用 QQ、微信、扫描全能王等软件都能够实现,下面分别以扫描全能王和微信来演示操作方法。

(1)用扫描全能王实现

第一步:先将用于提取文字的图片保存至手机,然后打开"扫描全能王"手机 APP,点击"导入图片",如图 1.173 所示。

图 1.173

第二步：选择图片后，通过图片边框上的 8 个圆圈调整图片（目的是去掉图片的多余部分，只保留文字区域，提高识别精度），如图 1.174 所示。

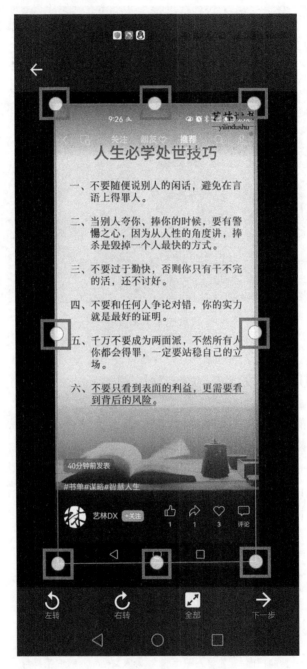

图 1.174

第三步：调整图片后的界面如图 1.175 所示，然后点击"下一步"。

第四步：点击"识别文字"，如图 1.176 所示。

第五步：点击"复制""转 Word"或"导出"来保存提取到的文字，如图 1.177 所示。

图 1.175

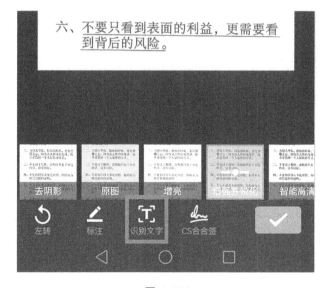

图 1.176

2:59   意见反馈

一、不要随便说别人的闲话，避免在言语上得罪人。

二、当别人夸你、捧你的时候，要有警惕之心，因为从人性的角度讲，捧杀是毁掉一个人最快的方式。

三、不要过于勤快，否则你只有干不完的活，还不讨好。

四、不要和任何人争论对错，你的实力就是最好的证明。

取消全选

五、千万不要成为两面派，不然你自己

识别语言： en、zh-s ⟩   ✅ 自动分段

一、不要随便说别人的闲话，避免在言

语上得罪人。

二、当别人夸你、捧你的时候，要有警

惕之心，因为从人性的角度讲，捧杀是

毁掉一个人最快的方式。

三、不要过于勤快，否则你只有干不完

复制   转Word   导出   重新识别   翻

图 1.177

（2）用微信实现

第一步：将要识别的图片发送到微信的"文件传输助手"中，如图 1.178 所示。

图 1.178

第二步：鼠标双击图片点开图片，单击右键选择"提取文字"，如图 1.179 所示。

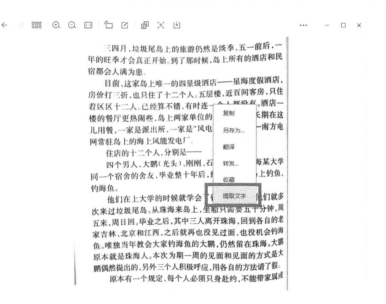

图 1.179

第三步：提取到的文字显示在右侧，如图 1.180 所示。

第四步：全选文字后单击右键选择"复制"，如图 1.181 所示。

Remark1：无论电脑版还是手机版微信都有"文字识别"功能。

Remark2：案例中使用的是"文件传输助手"，其实只要是聊天界面，打开图片后，就有"提取文字"选项，所不同的是电脑版微信是单击鼠标右键显示，手机版微信是长按图片显示。

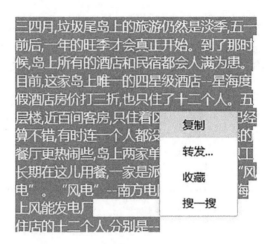

图 1. 180

图 1. 181

32. 如何快速创建文件夹？

切换到目标文件夹下，按下 Ctrl＋Shift＋N 组合键（先按住 Ctrl＋Shift，再按字母 N），此时出现文件夹命名框，输入文件夹名称后按下 Enter 键，完成文件夹的新建。

33. 远程协助软件

日常工作中，如遇电脑问题需要远程协助，可使用 QQ 远程协助功能或向日葵远程控制软件来实现。

（1）QQ 远程协助

QQ 远程协助是 QQ 自带的一个功能，使用该功能首先应确保协助方和被协助方均已在电脑端登录 QQ,打开好友聊天界面,将鼠标光标放置到"…"按钮处,如图 1.182 所示,此时会展开一排标识,找到并将将鼠标放在"远程协助"标识上,会自动弹出一个菜单,其中包括"请求控制对方电脑""邀请对方远程协助"两个按钮。如果是自己协助他人,就点击"请求控制对方电脑";如果是他人协助自己,就点击"邀请对方远程协助",如图 1.183 所示。对方点击"接受"后,便搭建起远程协助环境。

图 1.182

图 1.183

如点击"请求控制对方电脑"或"邀请对方远程协助"按钮后,对方 QQ 上始终看不到远程协助请求界面,请排查对方的 QQ 软件设置中是否已打开"允许远程桌面连接这台计算机"选项,路径是 QQ"设置"-"权限设置"-"远程桌面",勾选"允许远程桌面连接这台计算机"后退出,如图 1.184 所示。

(2)向日葵远程控制软件

相比 QQ 远程协助,向日葵远程控制软件稳定性更高,可操作的权限也更大,比如 QQ 远程协助某些时候不可以操作"运行"、修改注册表等,而向日葵远程控制软件却能进行操作。

打开向日葵远程控制软件后可看到两个区域,暂且命名为"模块一"和"模块二"。"模块一"用于请求对方远程协助,控制本机,复制"本机识别码"和"本机验证码"发给对方即可;"模块二"用于本机操控其他电脑,输入对方发送的"识别码"和"验证码",点击"远程协助"即可。如图 1.185 所示。

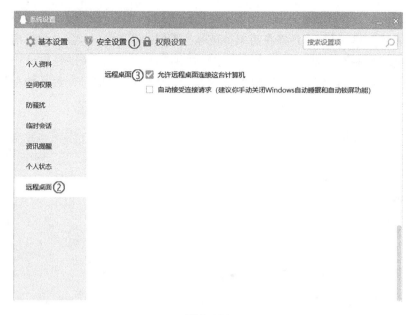

图 1. 184

图 1. 185

34. 发票查验

对于高校工作人员来讲，购买办公用品报销、课题经费报销、差旅费报销是家常便饭，按照财务处报销规定，当单张发票金额或连号发票累计超过一定额度后，比如 1 000 元及以上，需报销人提供发票查验证明。查验网站及方法如下：

（1）国家税务总局全国增值税发票查验平台

①登录国家税务总局全国增值税发票查验平台。

②输入需要查询的增值税电子普通发票的相关信息,确认输入的信息无误后,点击"查验"按钮,系统自动弹出查验结果。

③查询到该张发票的票面信息,并核对发票查验明细中的票面信息是否与接收到的发票票面信息一致,若一致,则真实有效;若不一致,则需要与开票方联系。

（2）财政部全国财政电子票据查验平台

①打开财政部全国财政电子票据查验平台网站并登录。

②输入发票上的电子票据代码、电子票据号码、校验码、票据金额和开票日期。

③点击"查验"按钮,即可得到结果。

（3）手机上的小程序

①打开支付宝或微信小程序"票大侠"。

②扫一扫发票二维码（或手动输入发票信息查询）。

查验结果数据可导出保存,具备自动去重和出电子台账的功能。

35. 巧用插件下载网页视频

辅导员一项重要的工作就是做好班级防火、用电、防诈骗等安全教育,如在浏览网页、手机短视频时发现合适的视频素材,想要保存,可是软件却不提供保存和下载功能,只能观看,怎么办呢?

可以使用火狐浏览器并安装"勤劳的小蜜蜂"插件,通过该插件保存和下载需要的视频。

36. 多种截图工具供你选

俗话说,一图省千言,工作中经常要用到截图操作,那么有哪些便捷的截图方法呢?

（1）PrintScreen

在 Windows 系统中,可以直接按下键盘上的 PrintScreen 快捷键（部分笔记本的键盘上是简写 PrtSc）,程序将会截取整个屏幕内容,并暂存到剪贴板中,只需要在 Word、Photoshop、画图等软件中粘贴即可。

（2）Windows 徽标键＋Shift＋S

在 Windows 10 系统中,按下键盘上的 Windows 徽标键＋Shint＋S 组合键,将弹出截图工具窗口,可根据自己的需要选择截图模式,拖动鼠标框选或绘制截图区域,完成后即将内容保存到剪贴板中。按 Windows 徽标键＋V 组合键开启剪贴板历史记录查看截图内容,可以在 Word、Pholoshop、画图等软件中粘贴其中的内容。

（3）Windows 附件中的截图工具

Windows 附件中的截图工具也很好用。单击"开始"按钮,在所有程序中找到"Windows 附件",单击"截图工具"即可运行程序。使用"模式"按钮可以选择任意格式截图、矩形截图、窗口截图或全屏幕截图,还可以使用"延迟"按钮设置截图延迟时间。单击"新建"按钮,选定区域,捕获截图后可以使用"笔"或"荧光笔"在截图上绘画,使用"橡皮擦"擦除,编辑满意后保存图片。如果经常使用此工具可将"截图工具"固定到屏幕下方的任务栏中,以便日后快速启动。

(4)办公软件中的截图工具

办公软件中的截图工具简单易用。以 WPS Word 为例,依次点击"插入"-"截屏"按钮,可以快速截屏,如图 1.186 所示。也可以展开下拉框,里面有不同形状的截屏及屏幕录制功能,如图 1.187 所示。

图 1.186

图 1.187

(5)社交软件中的截图工具

腾讯 QQ、微信等社交软件也提供了截图工具并且截图功能非常强大。以腾讯 QQ为例,在 QQ 正常运行且未锁定的情况下,按 Ctrl+Alt+A 组合键,启动截图工具,按住鼠标左键拖动可以矩形截图,按住鼠标右键移动光标可以自由截图。腾讯 QQ 截图工具提供了形式多样的绘制工具,如矩形工具、椭圆工具、箭头工具、画刷工具、马赛克工具、文字工具、序号笔工具,以及撤消编辑、长截图、翻译、屏幕识图、"钉"在桌面上、屏幕录制、保存、发送到手机、收藏等功能,如图 1.188 所示,基本能满足日常办公需求。

图 1.188

（6）QQ 长截图功能

在 QQ 正常运行且未锁定的情况下,按 Ctrl＋Alt＋A 组合键,启动截图工具,拖动鼠标框选需要截取的区域后,单击"长截图"按钮,如图 1.189 所示,滚动或单击鼠标,选定所有需要截取的内容后,单击框选区域右下角的"编辑"按钮可在截图上绘制图形,单击"保存"按钮可将截图保存到文件夹中,单击"完成"按钮可将截图保存到剪贴板中。不过截图长度有限制,达到最大长度后会自动停止截图。

图 1.189

37. 如何安装电脑字体?

如果遇到字体缺失的情况,可先从网络上搜索下载字体安装包,解压后得到 ttf 或 otf 格式的字体文件,然后直接复制这些文件,粘贴到电脑的 C:\WINDOWS\Fonts 文件夹里,如图 1.190 所示,字体即完成安装。

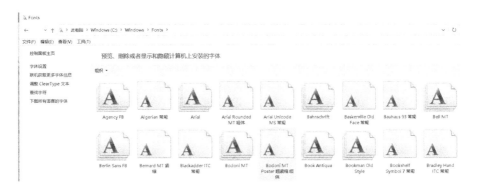

图 1.190

38. 如何查看电脑配置?

（1）鼠标右键点击"此电脑"

找到电脑桌面上的"此电脑"（或"我的电脑"）,鼠标右键点击并选择"属性",如图 1.191 所示。

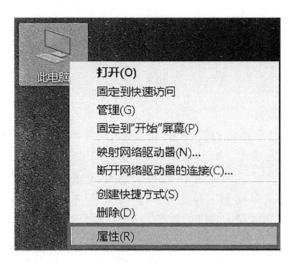

图 1.191

　　不过这种方法只能查看 CPU、内存、操作系统版本、操作系统位数等几项电脑配置信息，如图 1.192 所示。

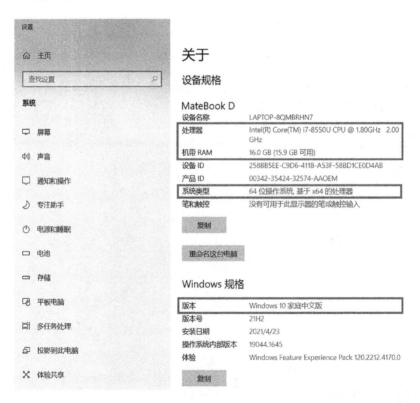

图 1.192

　　（2）在"运行"对话框中输入"dxdiag"

　　按快捷键 Win＋R 打开"运行"对话框，在输入栏中输入"dxdiag"后点击"确定"，如图 1.193 所示。

图 1. 193

在弹出的"DirectX 诊断工具"对话框首页显示了计算机名称、操作系统、电脑制造商、CPU、内容等信息，如需查看显卡、声卡等其他信息，可点击"下一页（N）"按钮，如图1. 194 所示。

图 1. 194

Remark1：当前大部分电脑的操作系统版本都为 Windows 10，64 位，此信息在我们安装软件时很重要，因为安装的软件需与电脑操作系统版本和位数相适应，否则即便安装成功，使用时也可能出现问题。

Remark2：微软操作系统的位数分为 32 位和 64 位，当前以 64 位为主流。

39. 如何打开注册表？

按快捷键 Win＋R 打开"运行"对话框，在输入栏中输入"regedit"后点击"确定"，如图

1.195 所示,然后在弹出的"用户账户控制"警示框中点击"是",如图 1.196 所示,最终显示注册表,如图 1.197 所示。

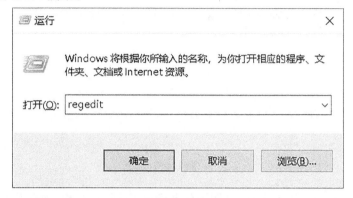

图 1.195

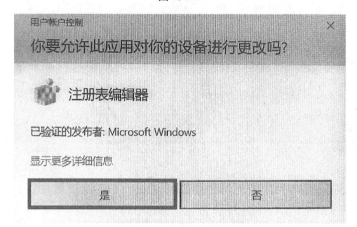

图 1.196

图 1.197

Remark：日常工作中需要和注册表打交道的机会不多，但作为高校教职工，打开注册表的方法理应掌握。

40. 如何打开 DOS 模式?

DOS 是 Disk Operation System（磁盘操作系统）的简称，是个人计算机上的一类操作系统，从 1980 年到 1995 年的 15 年间，DOS 在 IBM 电脑中占有举足轻重的地位。当年，人们操作电脑就是通过在黑底白字的界面中键入一个个不同的命令，如"cd"是切换到某一目录的命令；"cd D："用于打开 D 盘；"dir"用于显示当前文件夹下的文件列表；"del 文件名"用于删除某个文件；"ipconfig"用于显示网络配置。如图 1.198 所示。

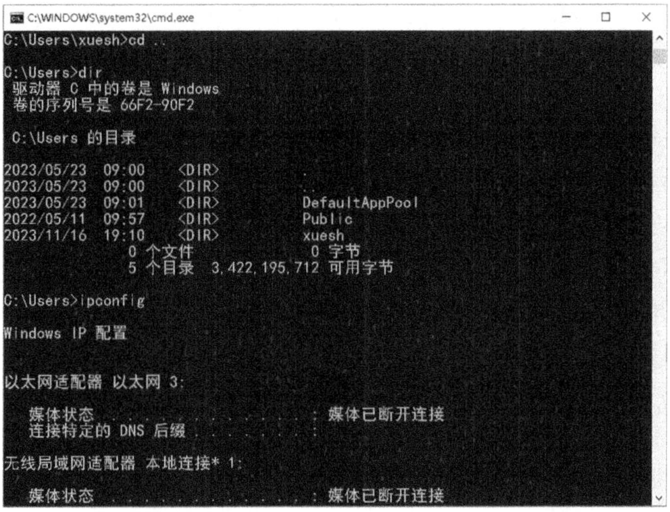

图 1.198

微软开发的 DOS 称为 MS-DOS，MS-DOS 是当前微软图形界面操作系统（XP、Win 7、Win 10 等）的前身。

按快捷键 Win＋R 打开"运行"对话框，在输入栏中输入"cmd"后点击"确定"，如图 1.199 所示，就可以打开 DOS 模式。

图 1.199

41. 日常电脑操作中的几个好习惯

日常电脑操作的好习惯有很多,以下是一些建议:

（1）扔掉键盘膜

虽然键盘膜有很多优点,例如可以保护键盘免受灰尘、污垢的侵扰,还可以防止液体渗入键盘,但使用键盘膜势必会影响按键的灵敏度和准确度,导致用户打字时出现误触等问题,非常影响打字速度和工作效率。

（2）鼠标总比触摸板快

鼠标通常比触摸板快的原因主要有以下两点:

①精度和效率:鼠标的设计使得它可以快速、准确地移动光标,鼠标的滚轮和按键也提供了额外的功能,如快速滚动和点击;而这些功能在触摸板上可能需要更多的手势或点击才能实现。

②人体工程学:鼠标的形状和大小经过精心设计,以适应人手的握持,使得操作更加舒适和高效;而触摸板则需要用户通过手指在平滑的表面上滑动来操作,这可能需要更多的时间和努力来适应。

（3）文档不要放桌面上

很多人喜欢将文档直接放在桌面上,因为桌面最直观,一眼就能看到;但这是一种极其错误的做法,而且还十分危险。

桌面上的文件默认存放在系统分区。如果系统分区较小,使用者又习惯于将文件存放在桌面,日积月累,很可能导致系统分区剩余空间过小,从而让系统无法启动,或者莫名其妙地死机。同时,一旦系统出现问题进行了重装,那么存放在桌面的文件就将彻底丢失无法找回。

因此,可在 C 盘之外的盘符(如 D 盘、E 盘)中创建一个工作文件夹,将所有的工作文档分门别类地存放在里面,然后点击鼠标右键发送到"桌面快捷方式",这样即便电脑系统崩溃重装系统后,工作文件也不会丢失。

（4）定期整理电脑文件

工作中应将文件分门别类存放好,以便日后需要时能够快速找到。具体做法是将每学年或每学期的工作文档,归类存放到以事项名命名的文件夹下,以便识别。例如,对于"质量报告"这项工作,先新建一个名为"质量报告"的文件夹,然后建一些学年目录,分别存放对应学年的质量报告材料,如图 1.200 所示。

（5）及时备份重要数据

对于重要的文件和数据,应该定期备份,以防意外丢失。可以选择将文件复制到外部存储设备,如 U 盘、移动硬盘等,或者使用云存储服务进行备份。

（6）定期清理电脑垃圾

电脑在使用过程中会产生很多临时文件和垃圾文件,这些文件会占用硬盘空间并影响系统性能。可以使用系统自带的磁盘清理工具或第三方清理软件定期清理垃圾文件。

My Passport (F:) 〉 教务科工作 〉 质量报告 〉

名称	修改日期	类型
2017-2018学年	2020/10/29 17:54	文件夹
2018-2019学年	2020/11/10 22:30	文件夹
2019-2020学年	2022/11/15 21:37	文件夹
2020-2021学年	2022/4/1 20:30	文件夹
2021-2022学年	2023/12/22 16:18	文件夹
2022-2023学年	2023/12/5 14:37	文件夹

图 1.200

（7）注意保护个人隐私

在使用电脑时，要注意保护个人隐私，如不要随意透露个人资料、密码等敏感信息，避免使用弱密码，定期更换密码等。

（8）避免安装不必要的软件

在安装从网络上下载的软件时，要仔细观察安装的每一个步骤，避免在安装一个软件时，不小心被捆绑安装多款不必要软件（一般都是些质量较差的不知名软件，甚至是恶意软件），占用系统资源或带来安全隐患。

（9）养成良好的上网习惯

在使用电脑上网时，要养成良好的上网习惯，如不打开未知来源的邮件和链接，不下载未经验证的文件和软件等，以避免遭受网络攻击和电脑病毒感染。

（10）谨慎安装杀毒软件

杀毒软件可能会占用大量的系统资源，包括 CPU、内存和磁盘空间等，这可能导致电脑运行缓慢，甚至出现卡顿和崩溃的情况。尤其是在资源有限的设备上，这种影响更为显著。

在选择杀毒软件时，应选择知名且信誉良好的品牌，避免安装来路不明的杀毒软件。

在安装杀毒软件之前，应先了解其功能、性能和用户评价等信息，以便做出明智的决策。

应定期更新杀毒软件，以确保其能够识别和防御最新的电脑病毒和恶意软件。

在使用杀毒软件时，应注意其弹出的警告和提示信息，避免误操作导致不必要的损失。

总之，谨慎安装杀毒软件是非常重要的，这可以保护你的设备和数据安全，避免不必要的麻烦和损失。

Remark1：对于配置不高的电脑，建议不要安装杀毒软件，否则很容易导致电脑蓝屏、死机等现象。

Remark2：相对来讲，360 安全卫士还算不错，只是广告较多（屏蔽 360 安全卫士弹窗广告的方法本书有专门介绍），借用该公司负责人的话，"我们每年用互联网广告收入来反哺电脑安全",因此,360安全卫士不失为一个好的选择。

42. 常见电脑故障排除

（1）分体式电脑显示器黑屏

分体式电脑其电脑主机和显示器是分开的,各自独立供电,两者之间通过一根VGA线缆连接。出现黑屏时,应首先排除是不是关闭了显示器,再排除VGA连接线是否松动,如果松动插紧即可。

（2）启动电脑时一堆提示

应排查电脑上是否插有优盘或移动硬盘。如果是,先长按电脑电源键强制关机,再拔掉优盘或移动硬盘,然后启动电脑。

（3）电脑蓝屏

先长按电脑电源键强制关机,然后重启电脑一般即可解决。

（4）无线键盘、无线鼠标无反应

一般无线键盘或鼠标为了省电,都设置有关闭按钮或拨片,让用户在不使用时可以自动关闭,所以首先排除是否未打开开关,再排除键盘或鼠标是否处于亏电状态,如亏电及时充电或更换新电池即可解决。如果以上两种方法均不行,应考虑键盘或鼠标坏掉的可能性,换新即可解决。

（5）无法卸载软件

进入"安全模式"尝试卸载软件,一般都可成功卸载。进入"安全模式"的方法见"44.如何进入安全模式?"的内容介绍。

（6）某软件卡死

按快捷键Ctrl＋Alt＋Delete调出"任务管理器",在"任务管理器"中,先找到卡死的软件,假设卡死的软件是"QQ影音",点击"QQ影音"(背景会变为浅绿色),然后点击"结束任务"即可关闭卡死的软件,如图1.201所示。

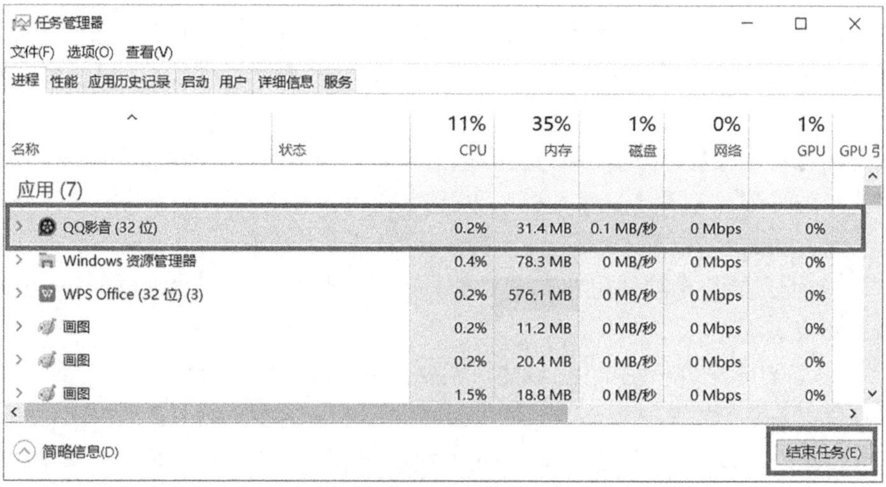

图 1.201

（7）电脑卡死

持续按住电脑开机键 5 秒以上，待看到开机指示灯闪烁时松开，电脑便会强制关机，然后重启电脑即可。

（8）按开机键无反应

首先确认电脑已通电，如已通电却无反应，可拔掉电源线插头断电，5 分钟后再插上重试。

43. 神通广大的"安全模式"

我们每次启动电脑之后，系统进入的是正常的 Windows 模式。而在系统出现故障需要解决，或遇到驱动程序冲突、无法卸载恶意软件、软硬件故障的时候，"安全模式"就会派上用场。

进行诊断和故障排除：安全模式可以帮助用户诊断和解决系统问题，例如驱动程序冲突、恶意软件攻击、软件或硬件故障等。

进行系统维护：安全模式还可以用于进行系统维护，例如运行磁盘清理程序、卸载不需要的程序等。

安全模式也是执行某些任务的最佳选择：例如删除某些受保护的系统文件、修复系统文件、更容易检测和清除恶意软件等。

以下是一些 Windows 安全模式的具体应用，从入门到高级都有：

进入安全模式以卸载程序：有些程序在正常模式下无法卸载，进入安全模式后可以轻松地卸载它们。

解决启动问题：如果 Windows 无法启动，可以进入安全模式来解决问题。

清除病毒和恶意软件：许多病毒和恶意软件会在正常模式下自动运行并隐藏，而进入安全模式可以更轻松地发现和清除它们。

安装或更新驱动程序：有些驱动程序只能在安全模式下安装或更新。

恢复误删除的系统文件：有时候，在正常模式下删除了某些系统文件，进入安全模式后可以轻松将其恢复。

进行系统还原：在安全模式下，可以更轻松地进行系统还原以恢复 Windows 的旧版本。

检测硬件问题：如果 Windows 在正常模式下无法识别某些硬件设备，可以进入安全模式来排除硬件故障。

进行系统清理：在安全模式下，可以更轻松地进行系统清理，包括清除临时文件、清除无效注册表等。

重置管理员密码：如果忘记了 Windows 管理员密码，可以进入安全模式并使用专业软件来重置密码。

安全模式下进行磁盘检查和修复：进入安全模式可以更容易地进行磁盘检查和修复操作，以修复磁盘错误和文件系统问题。

解决 Windows 更新引起的电脑无法启动的问题：有时候，Windows 更新会导致电脑无法启动的问题,进入安全模式可以更轻松地解决这些问题。

处理 Windows 错误消息:有些错误消息只在安全模式下出现,进入安全模式可以更轻松地解决这些问题。

安全模式下删除受保护的文件:有些文件在正常模式下无法删除,但可以在安全模式下删除。

安全模式下修改注册表:有些注册表错误只能在安全模式下解决,进入安全模式后可以更轻松地修改注册表。

解决无法访问或运行某些程序的问题:有时候,某些程序只能在安全模式下访问或运行,进入安全模式后可以解决这些问题。

解决蓝屏问题:如果遇到蓝屏问题,可以进入安全模式来解决。

进行诊断:在安全模式下,可以运行一些诊断工具,以确定问题的来源,并找到解决方案。

更新驱动程序:在安全模式下,可以更新可能引起问题的驱动程序,以使它们与 Windows 兼容。

解决网络问题:在安全模式下,可以解决一些与网络有关的问题,例如修复 IP 地址或重新安装网络驱动程序。

更改分辨率:如果显示器无法正常显示,可以在安全模式下更改显示设置。

44. 如何进入"安全模式"?

第一种方法:按快捷键 Win+R 打开"运行"对话框,在输入栏中输入"msconfig"后点击"确定",如图 1.202 所示。

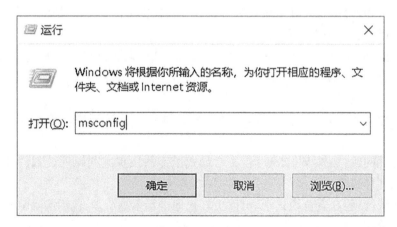

图 1.202

在"系统配置"对话框中,切换到"引导"选项卡,勾选"安全引导",其中有多个选项可选,保持默认"最小(M)",再按"确定"按钮,如图 1.203 所示。

在弹出的警示对话框中,点击"重新启动(R)",如图 1.204 所示,几分钟后进入"安全模式"。

图 1. 203

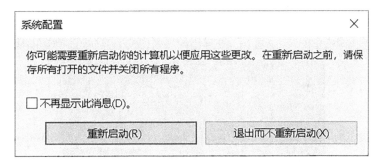

图 1. 204

Remark：返回正常 Windows 的方法是在"系统配置"对话框的"引导"选项卡中取消勾选"安全引导"，如图 1. 205 所示。

图 1. 205

第二种方法：重启电脑时持续点击键盘上的 F8 键，具体步骤是：

（1）当电脑启动时，持续点击 F8 键，直至显示如图 1.206 所示的界面。

图 1.206

Remark：如果是笔记本电脑，需要将 Fn 键提前打开（打开的识别标志是 Fn 指示灯发亮）。

（2）点击图 1.206 中的"疑难解答"，在弹出的界面中选择"高级选项"，如图 1.207 所示。

图 1.207

（3）在"高级选项"中点击"启动设置"，如图 1.208 所示。

图 1.208

（4）在"启动设置"中点击"重启"，如图 1.209 所示，此时电脑重启，无需按任何键，等待数十秒后将弹出"启动设置"界面。

图 1.209

（5）在"启动设置界面"中，能够看到"4)启用安全模式"和"5)启用带网络连接的安全模式"两个选项，如图 1.210 所示，两个选项的不同之处是后者同时启动网络相关的驱动和组件，具备上网功能，可用于测试与网络相关的故障。

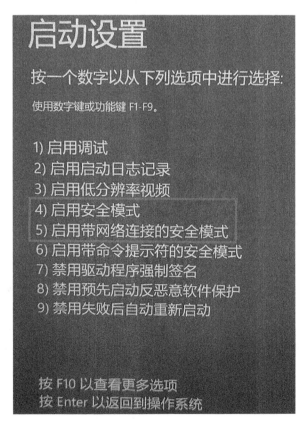

图 1.210

（6）按下数字"4"键或 F4 键启用安全模式,按下数字"5"键或 F5 键启用带网络连接的安全模式。

45. 如何复制网页上限制复制的内容?

有些时候,我们想复制网页上的内容,但是网页上却弹出一个收费窗口或登录提示,既不想花钱又不想登录该怎么办呢?

只需要在网址栏中网页的最前面加上"read:"后回车,此时网页进入阅读模式,然后再复制内容即可复制。

另外一种方式是借助手机 APP 软件"扫描全能王"的拍照转文字功能。

46. 如何获取颜色的 RGB 值?

RGB 介绍:RGB 色彩模式是工业界的一种颜色标准,通过对红(R)、绿(G)、蓝(B)三个颜色通道的变化以及它们相互之间的叠加来得到各式各样的颜色,每个颜色通道有 256 级亮度,用数字表示为从 0 到 255,例如白色(255,255,255)、黑色(0,0,0)、红色(255,0,0)、绿色(0,255,0)、蓝色(0,0,255)。

在电脑显示器上,颜色的表示基本上用的都是 RGB 标准,当我们发现一种自己喜欢的颜色时,如何获取它的 RGB 值呢?

电脑上登录 QQ,按快捷键 Ctrl+Alt+A 截图,将鼠标指针放在喜欢的颜色上时,就会出现 RGB 值,如图 1.211 所示,按 C 键复制,然后即可保存下来。

Remark:此处的复制用 C 键,而非 Ctrl+C 键。

图 1.211

47. 如何制作流程图?

高校中,流程图的使用十分广泛,涉及教学、科研、管理等多个领域,可为提高教学质量、项目管理效率和知识普及提供有力支持,如:

(1)授课时,可使用流程图来辅助课堂教学,帮助学生更好地理解复杂的概念和过程。

(2)在科研项目中,流程图可以用来规划研究过程、实验设计和数据分析等环节,提高项目的执行效率和质量。

(3)在一些需要多个部门或团队协作的大型项目或活动中,流程图可以用来规划项目进度、任务分配和人员协调等,确保项目的顺利进行。

(4)在涉及师生的事务中,流程图通过图形化的方式将流程呈现出来,帮助师生直观地了解办事流程,同时作为沟通桥梁,帮助各方理解事务过程,明确职责分工和协作方式,减少误解和冲突。

(5)在分析问题时,流程图能够清晰地展示出业务流程中的各个节点,从而发现潜在的问题、瓶颈和改进点,为优化和改进提供依据。

(6)对于高校管理层,流程图可以用来分析管理流程、制定战略计划和进行决策支持等,提高管理效率和决策的科学性。

总的来说,流程图很重要,作为高校辅导员和行政人员,理应学会流程图的制作方法。下面我们以制作"学生打印成绩单"基本流程图为例,一起来学习流程图的制作。

首先安装微软 Office Visio(微软 Office 办公套装中的一个模块),打开 Microsoft Visio,首页界面,如图 1.212 所示。

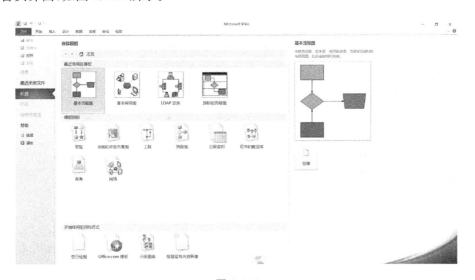

图 1.212

点击"基本流程图",界面如图 1.213 所示,其中左侧为形状组件,右侧为画板,其中椭圆形组件用于表示流程的"开始"或"结束",菱形组件表示"判断",方形组件表示"流程"。

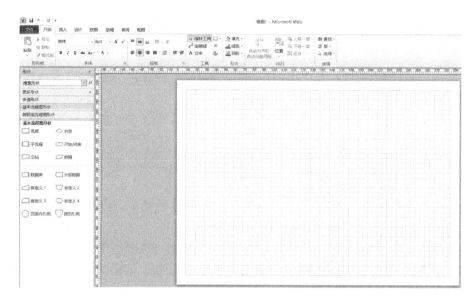

图 1.213

将左侧组件中的"开始/结束"组件拖拽到右侧画板,如图 1.214 所示。

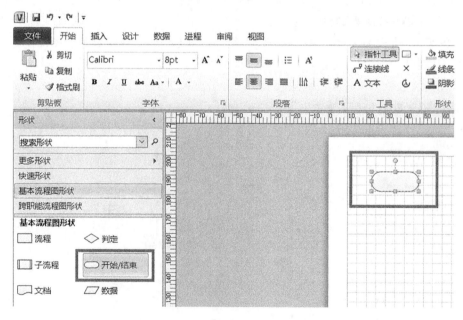

图 1.214

双击刚刚拖入画板的"开始/结束"组件,输入文字内容"学生携带证件找本学院教学秘书",同时通过拖拽的方式来调整组件大小,如图 1.215 所示。

从左侧的形状组件中拖拽一个"流程"组件到画板,双击"流程"组件,在组件里输入文字内容"教学秘书审核证件",如图 1.216 所示。

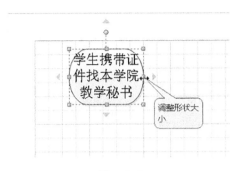

图 1.215

图 1.216

从左侧的形状组件中拖拽一个"判定"组件到画板,双击"判定"组件,在组件里输入文字内容"人证相符?",如图 1.217 所示。

从左侧的形状组件中再拖拽一个"流程"组件到画板,双击"流程"组件,在组件里输入文字内容"打印学生成绩单并盖章",如图 1.218 所示。

图 1.217

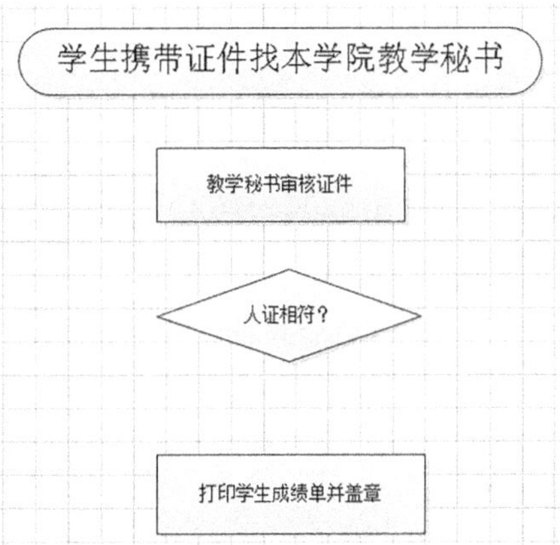

图 1.218

选中画板中的四个组件,如图 1.219 所示。

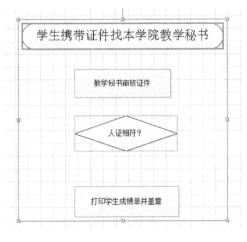

图 1.219

111

点击菜单栏中的"位置"-"水平居中(C)",如图 1.220 所示。

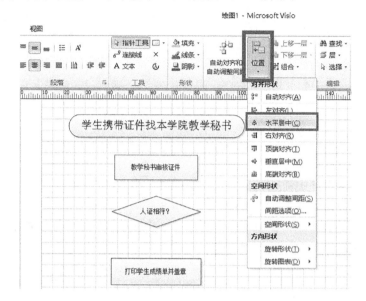

图 1.220

点击菜单栏中的"连接线",如图 1.221 所示,将鼠标放置在第 1 个组件的底部中间位置,然后拖拽至第 2 个组件的顶部中间外置,即可完成第 1 个组件和第 2 个组件的连接,如图 1.222 所示,最终将四个组件连接起来的效果如图 1.223 所示。

图 1.221

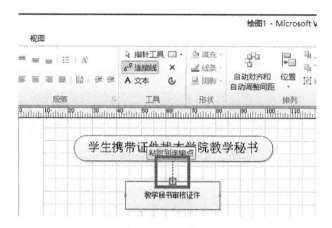

图 1.222

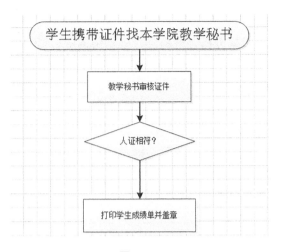

图 1.223

双击第 3 个组件和第 4 个组件连接线的中间位置,如图 1.224 所示,输入文字内容"是"即完成"学生打印成绩单"基本流程图的制作,最终的效果图如图 1.225 所示。

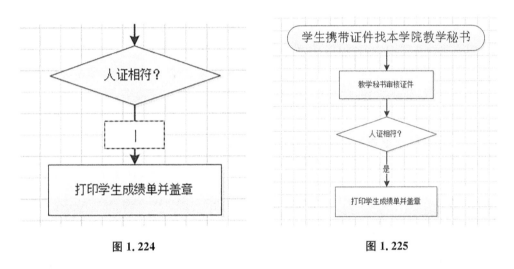

图 1.224   图 1.225

Remark1:以上案例只是制作比较简单的基本流程图,Microsoft Visio 还可以用于制作工程图、拓扑图等复杂流程图。

Remark2:Visio 流程图文件的后缀名是 vsd,如需再次编辑,直接双击打开即可。

Remark3:引用 Visio 流程图的方法是:打开流程图—全选流程图—拷贝流程图—粘贴到新建 Word 文档中。如需再次编辑,双击 Word 中的流程图即可切换到 Visio 界面。

48. 人工智能(AI)语言模型介绍

(1) ChatGPT 介绍

ChatGPT 是一种聊天机器人软件,是 OpenAI 公司于 2022 年 11 月推出的聊天机器人,它具备人类语言交互外复杂的语言工作能力,包括自动文本生成、自动问答、自动摘要、搜索和数据分析、程序生成和分析、内容创作等多重功能,说白了:ChatGPT 可以吟诗歌、写论文、敲代码、进行数据分析,就像真人一般,仿佛一名"无所不能"的老师,并且它还在不断进行训练和微调,从而不断提高其语言理解和生成能力。

（2）高校及教师对 ChatGPT 的担忧

ChatGPT 出现之后,个别高校对其产生了担忧,担心学生利用 ChatGPT 写作业、写论文,一些高校甚至禁止学生使用 ChatGPT,来规避学生用其作弊。

ChatGPT 像一个"无所不能"的教师一样,能够回答学生提出的多数问题,只是偶尔会一本正经地胡说八道,导致个别任课教师担心学生在课堂中不认真听讲,教师重要性被削弱,甚至担心自己的教育功能被 ChatGPT 替代。

Remark:ChatGPT 可能会一本正经、逻辑自洽地输出一个完全错误的学术观点。

（3）高校及教师应如何正确对待 ChatGPT 等 AI 产品

事实上,任何符合人类伦理要求的新技术发明和应用都会提高效率和效益,使人类生活质量、文明程度提高;当然也会带来人们对职业发展的担心、焦虑。历史经验表明,新技术发展往往会提升职业层次,而 ChatGPT 只是提供咨询等,它只是一个工具,而不是一个工作岗位,合理使用工具可以有效提高效率和效益。

对于高校,应侧重于提高学生的创造力和思辨性思维,而不是简单的知识灌输,以培养学生超越人工智能能力的创造性思维。对学生使用 ChatGPT 等 AI 产品应持开放态度,教会学生正确使用 ChatGPT,依靠其强大的知识组织能力,提高学习和研究效率,提高高等教育质量,正确引导,使其成为学生的学习助手而非作弊帮手。

对于高校教师,可以在工作中更多地应用它,使其成为提高工作效率的好助理。下面以完成一个安全教育的策划方案为例,来介绍 AI 语言模型的使用方法。

首先打开百度公司的"文心一言"（一款类 ChatGPT 的语言模型软件）,如图 1.226所示。

图 1.226

在"文心一言"的问题输入框中输入关键语句"写一个 高校 安全教育的策划方案"（关键语句按照自己的想法输入即可），然后点击发送按钮，如图 1.227 所示。紧接着程序开始生成策划方案，如图 1.228 所示。等待数分钟后，点击"停止生成"，一篇完整的高校学生安全教育策划方案就会生成，如图 1.229 所示，将其拷贝到 Word 中修改润色即可。

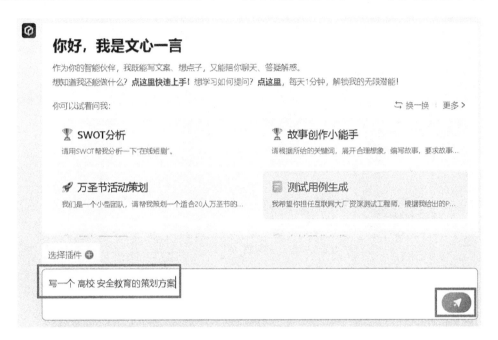

图 1.227

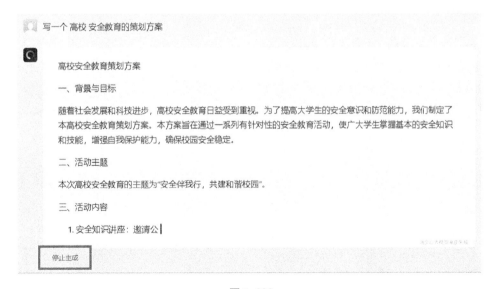

图 1.228

高校安全教育策划方案

一、背景与目标

随着社会发展和科技进步，高校安全教育日益受到重视。为了提高大学生的安全意识和防范能力，我们制定了本高校安全教育策划方案。本方案旨在通过一系列有针对性的安全教育活动，使广大学生掌握基本的安全知识和技能，增强自我保护能力，确保校园安全稳定。

二、活动主题

本次高校安全教育的主题为"安全伴我行，共建和谐校园"。

三、活动内容

1. 安全知识讲座：邀请公安、消防、交通等部门专家进校开展安全知识讲座，包括防火、防盗、防骗、交通安全等方面的内容。

2. 安全演练：组织学生进行火灾逃生、地震应急等安全演练，提高学生应对突发事件的能力。

3. 安全知识竞赛：开展安全知识竞赛活动，鼓励学生积极参与，通过竞赛形式加深学生对安全知识的理解和记忆。

4. 安全教育宣传周：在一周内集中开展安全教育宣传活动，包括发放安全宣传资料、设置安全教育展板、播放安全教育视频等。

5. 安全志愿者服务队：成立学生安全志愿者服务队，定期开展校园安全巡查，协助学校维护校园秩序。

四、实施步骤

1. 制定详细的活动计划，明确各项活动的时间、地点、参与人员等。

2. 提前与相关部门沟通协调，确保活动的顺利进行。

3. 做好活动的宣传工作，通过学校官网、微信公众号等渠道发布活动信息，提高学生的参与积极性。

4. 严格按照活动计划执行各项活动，确保活动的质量和效果。

5. 活动结束后进行总结评估，总结经验教训，为今后的安全教育活动提供参考。

五、预期效果

通过本次高校安全教育策划方案的实施，预期达到以下效果：

1. 学生的安全意识得到明显提高，掌握基本的安全知识和技能。

2. 学生的防范能力得到增强，降低校园安全事故的发生率。

3. 校园安全文化氛围更加浓厚，师生共建和谐校园的意识深入人心。

重新生成

图 1.229

二、常用教学软件

49. 正方教学管理系统

正方教学管理系统(又称正方教务系统)是一个面向各高校、各部门以及各层次用户的多模块综合信息管理系统,目前的大版本有两种,一种是.NET开发的老版教务系统,一种是JAVA开发的新版教务系统。在高校教务管理系统市场,正方教务系统的综合市场占有率大于50%。

新版教务系统包括教务公共信息维护、学生管理、师资管理、教学计划管理、智能排课、考试管理、选课管理、成绩管理、教材管理、实习实训、创新创业、毕业设计、收费管理、教学质量评价、教学研究管理、毕业生管理、体育管理、实验室管理以及学生综合信息查询、教师网上成绩录入、智慧教学一体化、一键生成高基报表、数据采集报表等模块,能够满足从学生入学到毕业全过程及教务管理各个环节的管理需要。

正方教务系统用法(本书以新版教务系统为例讲解):

(1)登录学生账号:打开浏览器,从教务处主页登录"教务管理系统"或直接输入学校提供的网址,进入用户登录界面。输入"学号""口令",选择"学生"角色,点击"登录"按钮。通过学生账户,学生可查询个人课表以及专业或班级推荐课表、查询成绩、网上选课(包括体育选课、专业选修课、全校选修课、重修或补修选课、活动报名、跨专业选课)、考试查询、培养计划查询、修改密码等。

(2)登录教师账号:打开浏览器,从教务处主页登录"教务管理系统"或直接输入学校提供的网址,进入用户登录界面。输入"工号""口令"。选择"教师"角色,点击"登录"按钮。通过教师账户,教师可查询预约空教室、查询课表、调停补课申请、查询某班级或某专业或某年级的相关成绩、查询专业培养方案。

50. 学习通

学习通推出"一平三端","一平"是指云平台,"三端"是指移动端、教室端和管理端。教师在云平台进行课程准备,学生在云平台进行课程学习;教师在移动端进行课堂备课,学生在移动端进行拓展阅读、交流共享;在教室端,师生共同开启课堂互动;最后所有的教学数据汇集到管理端,管理者通过终端进行听评课和诊改,所有的教、学、诊等活数据传输到网络教学平台进行分析,形成大数据,最终构建成智慧教学系统,系统为教学质量和人才培养质量提升提供保障。

　　课堂教学功能,如投屏、随机提问、课堂小测试、在线问卷等,既提高了课堂互动活跃度又给教师带来了高效便捷的体验。通过简单便捷的几个步骤快速建立一门混合式课程的教学框架,后续根据教师自身课程所需将知识要点以视频、图片、链接等形式填充进去,从而形成一门充实完整的混合式课程。

　　其手机端 APP、电脑端软件、考试软件的图标均相似,如图 2.1 所示。

图 2.1

手机端"学习通"APP 软件部分界面,如图 2.2～图 2.4 所示。

图 2.2

图 2.3

图 2.4

51. 网络教学平台

目前几乎所有高校都已搭建自己的网络教学平台,搭建的方式一般有三种:一种是基于第三方软件技术服务商平台,这些平台往往也是慕课(MOOC)平台,如超星泛雅网络通识课平台、中国大学 MOOC、学堂在线、华文慕课、智慧树、学银在线、优慕课等,是当下很多高校选择布局线上的主要方式。这种方式具有成本低、耗时短、灵活性强、可持续升级等优势,为高校提供了全方位的教学管理和学生管理解决方案。第二种是自行组织团队搭建,这种方式技术要求高、难度大,前期开发、后期维护均需要大量人力资源成本,清华大学的网络教学平台即为自建,这种方式用得很少。第三种是入驻流量型平台,如腾讯课堂、哔哩哔哩,方法是上传相关课程视频,这种方式用得极少。

当前,基于超星泛雅网络通识课平台搭建的高校网络教学平台较多,本书以南京财经大学红山学院网络教学平台为例进行讲解。南京财经大学红山学院网络教学平台拥有多种称谓,如超星泛雅、超星学习通、学习通、网络通识课平台等,使用如下:

(1)网页版链接

路径是:南京财经大学红山学院教务处网站左下角的"网络教学平台(网络通识课)"。

(2)在线帮助手册

路径是:网络教学平台登录首页底部"帮助中心",选择"泛雅平台学生使用帮助"。

(3)学习通的安装

其既有手机端 APP,也有电脑版软件,可从应用商店或软件管家中下载安装,应避免从网页上直接下载安装,那样容易中病毒或附带安装垃圾软件。

Remark:一般高校都会为所有新生创建账户,登录时选择"机构账户登录",选择"学校名称",账户一般为学号,初始密码全校学生保持一致。登录后首先绑定手机号,同时修改密码,密码不必设置得过于复杂。

52. 中国大学 MOOC

其与爱课程、慕课网、慕课、大学慕课网可以认为是同一平台。

浏览器中搜索"中国大学 MOOC",打开网页。

点击中国大学 MOOC 首页底部的"常见问题",即可打开在线帮助文档。

Remark:新生需按照《中国大学 MOOC 操作手册(学生端)》中介绍的步骤注册并认证到学校云,然后就可以开始学习之旅了。认证学校云时,先选择学校名称,并输入"认证码",一般为该新生身份证号码后 6 位

中国大学 MOOC 手机 APP 安装:可从应用商店或软件管家中下载安装,或者从电脑端网页左下角找到下载链接。

53. 雨课堂

雨课堂最初是由清华大学几位教学一线老师开发,其针对教师需求,立足于解决传统教学中的固有问题,可改变传统教学以"教"为中心的教学模式,让教师实时地、更全面地了解学生的学习状态,便于开展有针对性的教学,向以"学"为中心转变。

雨课堂辅助功能强大,能够覆盖课前—课上—课后全部环节,如图 2.5 所示,为师生提供完整立体的数据支持、个性化报表、自动任务提醒等功能,让教与学更加明了。

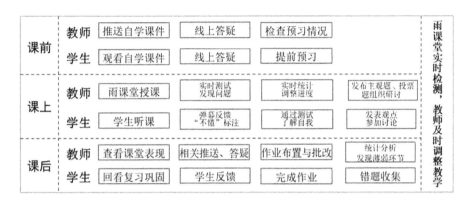

图 2.5

软件安装:打开雨课堂官网首页即可看到"免费下载雨课堂"按钮,点击此按钮即可跳转到下载链接。

手机 APP 使用:实名注册登录后,点击"我听的课",然后点击对应课程,可看到学习栏目,包括课件、习题等。

学生也可以用微信扫一扫任课老师的"课堂码"上课,跟着老师的指引,完成课程的学习。

54. QQ 群课题

QQ 家校群、QQ 群直播、QQ 屏幕共享、QQ 分享都涉及到在线交流和内容分享。

QQ 群课堂非常简单,学生只需要跟着老师的指引,观看直播课程、完成作业提交、打卡等即可。

55. 腾讯会议

腾讯会议是一款优秀的视频会议软件,可实现屏幕共享、语音或视频通话、上传文档、讨论、投票等功能,能够运用于线上直播教学,既有电脑版也有手机版,可从官网或软件管家中下载。上课前点击老师分享的链接或搜索会议号即可加入会议。

56. 腾讯课堂

腾讯课堂是一款专业在线教育平台，平台内有大量课程视频可供观看。浏览器中搜索"腾讯课堂"，点开带有"官方"字样的链接，用 QQ 登录即可开始学习。

57. Zoom

Zoom 也是一款线上会议软件，功能类似于腾讯会议，国外用得比较多，国内用得较少。

58. 钉钉

钉钉起初只是阿里巴巴开发的一款团队通讯软件，用于淘宝网客户与商家的沟通，现已发展成为专为中国企业打造的免费沟通和协同的多端平台，拥有多种功能，包括但不限于考勤打卡、审批、日志、公告、钉盘、钉邮等，帮助提升企业沟通和协同效率。此外，钉钉还整合了即时通讯、文档编辑、视频会议、项目管理等多种服务，可用于网络教学。

59. 智慧树网

它是一款类似于中国大学 MOOC 的学分课程共享平台（即在线课程平台），可实现跨校课程共享和学分互认，完成跨校选课修读。

课程采用线上线下"混合式教学"方法，线上为碎片化知识点视频，使大学生能灵活安排自己的学习时间；线下跨校直播互动和小班讨论学习，使学生可以把线上学习产生的问题带到教室，与同学、老师讨论。

教育部原副部长林蕙青曾评价智慧树在推动教育教学改革方面"发挥了技术平台支持、课程建设服务、教学运营服务等重要的作用"。

60. 学堂在线

学堂在线是由清华大学研发出的中文 MOOC 平台，是教育部在线教育研究中心的研究交流和成果应用平台，于 2013 年 10 月 10 日正式启动，面向全球提供在线课程。任何拥有上网条件的学生均可通过该平台，在网上学习课程视频。学堂在线运行了来自清华大学、北京大学、复旦大学、中国科技大学，以及麻省理工学院、斯坦福大学、加州大学伯克利分校等国内外一流大学的约 8 000 门优质课程，覆盖 13 大学科门类。

三、Word 篇

61. 公文的标准格式是什么？

2012 年 6 月 29 日，国家质量监督检验检疫总局、国家标准化管理委员会发布了《党政机关公文格式》国家标准(GB/T 9704—2012)，明确规定了公文的基本格式为：

(1) 纸张幅面尺寸：210 mm×297 mm(A4 纸尺寸)。

(2) 方向：纵向。

(3) 页边与版心尺寸：天头(上白边)为 37 mm±1 mm，订口(左白边)为 28 mm±1 mm，版心尺寸为 156 mm×225 mm。

(4) 标题：2 号小标宋字体，居中排布。

(5) 发文字号：其中年份应标全称使用六角符号"〔"和"〕"括入。

(6) 主送机关：3 号仿宋字体，编排于标题下空一行位置，居左顶格，其中冒号使用全角方式。

(7) 正文字体和字号：3 号仿宋体字，特定情况可作适当调整。

(8) 文字颜色：如无特殊说明，均为黑色。

(9) 行数和字数：每面排 22 行，每行排 28 个字，并撑满版心。特定情况可作适当调整。

(10) 行距：1.5 倍。

(11) 文中结构层次：序数依次用"一、""(一)""1.""(1)"标注；一般第一层用 3 号黑体字，第二层用 3 号楷体字，第三层和第四层与正文一样用 3 号仿宋体字。

(12) 页眉和页脚：设置为"奇偶页不同"，页脚设置为 25 mm。

(13) 页码：一般用 4 号半角宋体阿拉伯数字，前后加"—"，如"—1—"。

(14) 附件说明：如有附件，在正文下空一行左空二字编排"附件"二字，后标全角冒号和附件名称。如有多个附件，使用阿拉伯数字标注附件顺序号(如"附件：1. ×××××")；附件名称后不加标点符号。附件名称较长需回行时，应当与上一行附件名称的首字对齐。

(15) 附件：应当另面编排，与公文正文一起装订。"附件"二字及附件顺序号用 3 号黑体字顶格编排在版心左上角第一行。附件标题居中编排在版心第三行。附件顺序号和附件标题应当与附件说明的表述一致。附件格式要求同正文。

（16）发文机关署名：3 号仿宋，以成文日期为准居中编排。

（17）成文日期：3 号仿宋，一般右空四字编排。

（18）印章：以成文日期中心为准，印章端正，居中下压发文机关署名和成文日期。

（19）制版要求：版面干净无底灰，字迹清楚无断划，尺寸标准，版心不斜。

（20）印刷要求：双面印刷，印品着墨实、均匀；字面不花、不白、无断划。

（21）装订要求：左侧装订，不掉页，无毛茬或缺损。

骑马订或平订的公文应当：

a）订位为两钉外订眼距版面上下边缘各 70 mm 处，允许误差±4 mm；

b）无坏钉、漏钉、重钉，钉脚平伏牢固；

c）骑马订钉锯均订在折缝线上，平订钉锯与书脊间的距离为 3～5 mm。

包本装订公文的封皮（封面、书脊、封底）与书芯应吻合、包紧、包平、不脱落。

公文格式基本设置要求如图 3.1 所示。

图 3.1

Remark1：如需阅读《党政机关公文格式》全文，可在浏览器网址栏中输入 https://www.baidu.com，在搜索栏中输入"党政机关公文格式"或"GB/T 9704—2012"，然后点击"检索"。

Remark2：每所高校一般都有校内的公文格式要求，与国家标准可能略有不同，但都基于国家标准编写，可向院长办公室（或学院办公室）索取。

Remark3：建议每位行政人员在日常工作中严格按照学校公文格式标准撰写或修改通知、公示、报告等公文，达到熟记于心。

62. 如何调整字间距？

如果想为如图 3.2 所示的文档标题增加字间距，该怎么办呢？

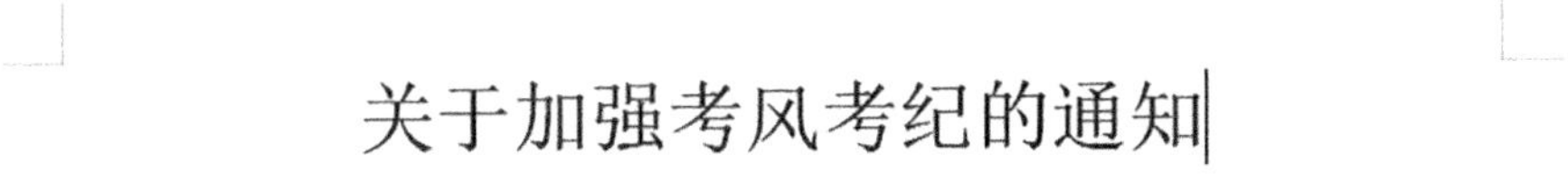

关于加强考风考纪的通知

图 3.2

首先选中要调整字体间距的内容"关于加强考风考纪的通"（注意最后一个字不要选择），按快捷键 Ctrl＋D 打开"字体"对话框。切换到"字符间距"选项卡，"间距"选择"加宽"，调整"值"的大小，底部"预览"中将显示效果，最后点击"确定"按钮即可，如图 3.3 所示。

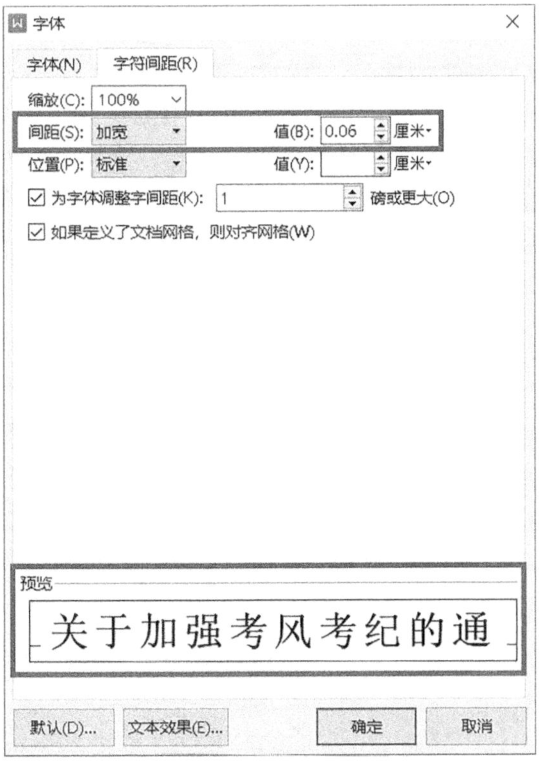

图 3.3

Remark：为了增加字符之间的间距,利用插入空格的方法虽然也能将就实现,但效果远不如上面的方法。

63. 如何使用分栏功能完成合同签字栏的布局?

如果想在合同文档中快速完成签字栏的布局设置,如图 3.4 所示,该怎么办?

甲方签字：_____ 　　　乙方签字：_____

_____年_____月_____日 　　　　_____年_____月_____日

图 3.4

（1）先在合同文档的底部输入如图 3.5 所示内容。

甲方签字：_____

_____年_____月_____日

乙方签字：_____

_____年_____月_____日

图 3.5

（2）全选以上文字,然后点击"页面布局"-"分栏"-"两栏"即可,如图 3.6 所示。

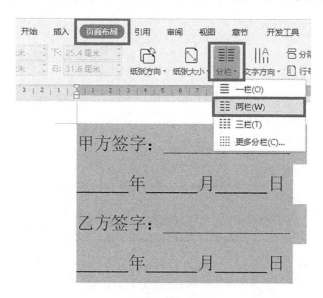

图 3.6

64. 段落文字出现错位的情况，怎么办？

有时将网上内容复制粘贴到 Word 后，就会出现如图 3.7 所示的段落错位。

> 高校二级学院是大学实行的校、院两级管理模式中的第二级（学院制），
>
> 因此称为二级学院，学院或系是构成大学的最基本的教学和行政
>
> 单位，如艺术设计学院、工商管理学院、金融税收学院、管理科
>
> 学与工程学院、马克思主义学院等。|

图 3.7

这种情况是因为使用了"悬挂缩进"，只需用鼠标右键点击"段落"，在"缩进和间距"选项卡中选择"缩进"-"特殊格式（S）"中的"悬挂缩进"，将"度量值（Y）"中的数值由非空改为"空"即可，如图 3.8 所示。

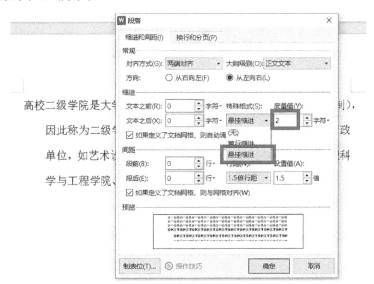

图 3.8

还有一种段落文字错位的情况，如图 3.9 所示。

> 高校二级学院是大学实行的校、院两级管理模式中的第二级
>
> （学院制），因此称为二级学院，学院或系是构成大学的最基
>
> 本的教学和行政单位，如艺术设计学院、工商管理学院、金融
>
> 税收学院、管理科学与工程学院、马克思主义学院等。|

图 3.9

这是因为设置了"左侧缩进",只需鼠标右键点击"段落",在"缩进和间距"选项卡中将"缩进"中的"文本之前(R)"的值由非空值改为"0"即可,如图 3.10 所示。

图 3.10

65. 插入的图片只显示局部,怎么办?

某些时候,我们在文档中插入图片时,却呈现如图 3.11 右侧的效果,图片只显示了局部,这是什么原因?

图 3.11

这种情况出现的原因大多是图片插入位置的"段落"对话框中设置了"行距(N)"为"固定值",因此图片也就只能按照固定值高度来显示,如图 3.12 所示。

图 3.12

解决的办法比较简单,只需右键单击,选择"段落",将"缩进和间距"选项卡中的"行距(N)"由"固定值"改为其他选项(单倍行距、1.5 倍行距、双倍行距、最小值、多倍行距均可)即可,如图 3.13 所示。

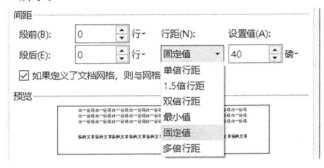

图 3.13

66. 如何使用"自动更正"功能快捷输入长字符串?

高校中的各个学院是大学实行的校、院两级管理模式中的第二级(学院制),因此称为二级学院,学院或系是构成大学的最基本的教学和行政单位,如艺术设计学院、工商管理学院、金融税收学院、管理科学与工程学院、马克思主义学院等。

一般来说,学院名称较长或名称中包含特殊词汇时,会采用简写方式,这样做容易记忆,便于同事间沟通交流,例如将"艺术设计学院"简写为"艺术学院"、"工商管理学院"简写为"工商学院"、"金融税收学院"简写为"金融学院"、"管理科学与工程学院"简写为"管工学院"、"马克思主义学院"简写为"马院"。

那么,如何使用"自动更正"功能快捷输入长字符串,如输入"马院"即可自动更正为"马克思主义学院"?

打开微软 Office Word,点击"文件",如图 3.14 所示。

图 3.14

点击"选项",如图 3.15 所示。

图 3.15

先点击列表中的"校对",再点击"自动更正选项(A)",如图 3.16 所示。

图 3.16

在"自动更正"对话框中,在"替换(R)"和"替换为(W)"的下方分别输入更正前和更正后的内容,如"马院"和"马克思主义学院",并点击"添加(A)",采用同样的方法,分别输入"艺术学院"和"艺术设计学院"后点击"添加(A)",输入"工商学院"和"工商管理学院"后点击"添加(A)",输入"金融学院"和"金融税收学院"后点击"添加(A)",输入"管工学院"和"管理科学与工程学院"后点击"添加(A)"。最后点击"确定",如图 3.17 所示。

通过以上步骤的设置,以后再录入二级学院的简写即可自动更正为二级学院的全称,如输入"马院"将自动更正为"马克思主义学院",输入"艺术学院"将自动更正为"艺术设计学院"。

图 3.17

Remark1:需要注意的是,简写方式并不固定,不同的二级学院或机构可能会有不同的简写方式。因此,在正式场合或正式文件中,最好使用二级学院的完整名称,避免使用不规范的简写名称。

Remark2:自动更正功能只有微软 Office 具备,WPS 没有该项功能,以上的操作是在微软 Office Word 中进行,Office Excel 也具有自动更正功能,和 Office Word 路径一致,感兴趣的读者可自行尝试添加自动更正选项内容。

67. 超出了边界的表格,该如何调整?

在 Word 中粘贴表格时,偶尔会出现表格过大、超出文档边界的情况,如图 3.18 所示,如何调整呢?

图 3.18

对此,可使用"自动调整"功能。

(1) 首先,在 Word 文档中选中需要调整的表格。

(2) 鼠标右键单击选中的表格,从弹出的菜单中选择"自动调整(A)"选项。

(3) 在"自动调整"的子菜单中,选择"根据窗口调整表格(W)"或"根据内容调整表格(F)",如图 3.19 所示。

图 3.19

Remark:"根据窗口调整表格(W)"会根据 Word 文档的当前窗口大小来调整表格,使其适应窗口宽度;"根据内容调整表格(F)"则会根据表格内的内容自动调整表格的大小。

68. 文档多了空白页,无法删除怎么办?

Word 文档出现无法删除的空白页一般有几种情况,下面分别讲解怎样解决。

方法一:最常见的操作是将光标移动到空白页最前面,按 Delete 键,将多余的空行或空格删除,然后按 Backspace 键,空白页就删除掉了。

Remark:Delete 键会删除光标后面的内容,Backspace 键会删除光标前面的内容。

方法二:如果方法一不行,可能是因为分页符或分节符导致的,如图 3.20 所示的第 3 页无法删除,无论怎么点击 Delete 键或 Backspace 键均无效,那么存在分页符或分节符的空白页该如何删除呢?

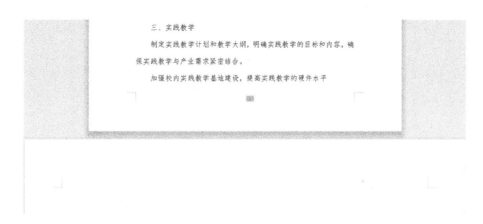

图 3.20

点击"开始",在"段落"选项组中点击"显示/隐藏编辑标记"按钮,再点击"显示/隐藏段落标记",如图 3.21 所示。

图 3.21

经过上一步的操作后,分页符或分节符会显示出来,如图 3.22 所示,将光标移动到其前方,按 Delete 键删除掉分页符或分节符,空白页也就可以删除掉了。

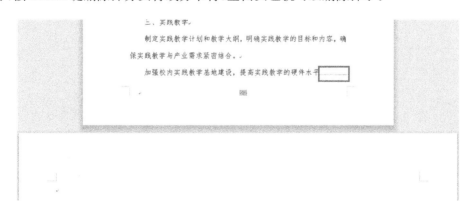

图 3.22

方法三:还有一种空白页是在表格后,如图 3.23 所示,上述两种方法均无法删除。

此种情况下,就需要适当调整表格的高度,将最后一行表格往上提拉一些以减小表格行高,空白页即可消失,如图 3.24 所示。

图 3.23

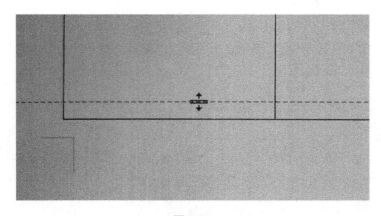

图 3.24

69. 怎样实现一个文档中既有横页也有竖页？

首先,将鼠标定位在要插入页面的最底部,点击"章节"-"新增节",选择"下一页分节符(N)",如图 3.25 所示,即可在本页的后面插入一页,如图 3.26 所示。

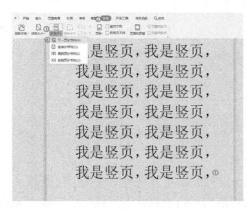

图 3.25

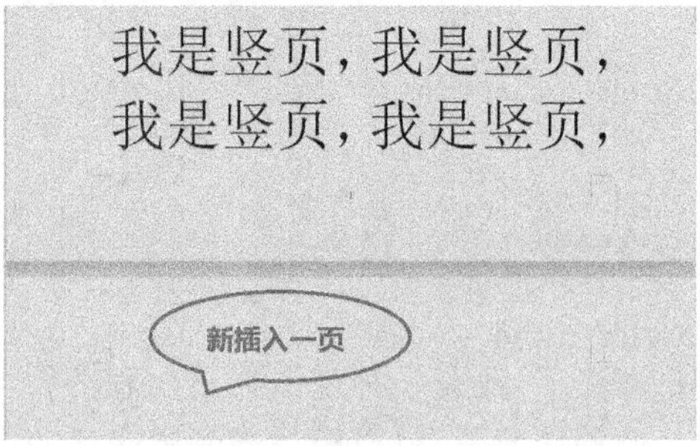

图 3.26

为便于查看效果,在新增页中输入"我是横向页……"字符串,无需选择任何文本,只需要将鼠标放置在新增页中的任何位置,设置"纸张方向"为"横向",如图 3.27 所示,此时就可以看到一个文档中既有横页也有竖页了,如图 3.28 所示。

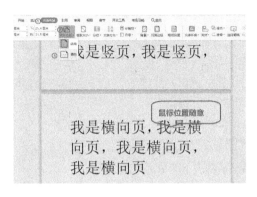

图 3.27

图 3.28

70. 如何为一篇长文档快速统一样式?

一篇长文档中,一般会有正文、一级标题、二级标题、三级标题、强调、要点、引用等多种结构,每种结构的样式是相对一致的。很多人在编辑文档的时候,会反复调整不同的标题、正文或是其他结构的字体格式、大小、颜色、行距等,不仅效率低下,而且很容易出现某些格式遗漏的情况。那么有没有一种快速统一样式,并且可以随时变换格式的方式呢?

"开始"菜单中有一个很大面积的选项组"样式",该工具就是快速统一样式的利器,如图 3.29 所示。

图 3.29

Word 已经设置好了常用的样式,只需要选中要设置的内容,点击"样式"中的选项即可。文档编辑中,只需修改样式的格式,所有关联的对象将全部更新,这样就能实现快速统一样式和修改格式。

71. 如何修改 Word 自带样式?

鼠标光标移至 WPS Word 系统自带的某个样式上,选择"修改样式"点击右键,可对不符合实际需要的样式进行修改,修改样式界面如图 3.30 所示,设置字体及格式后点击"确定"保存。

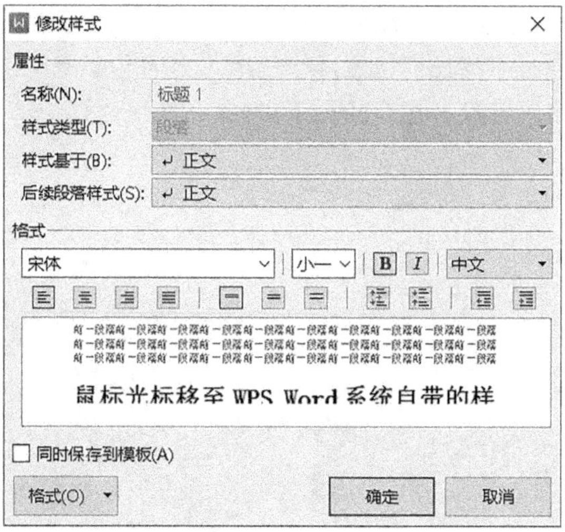

图 3.30

72. 如何新建样式?

如果不想破坏系统自带的样式,可以点击"开始"-"新样式",如图 3.31 所示,添加个性化的样式。添加新样式的对话框如图 3.32 所示,设置样式名称、字体、格式后点击"确定"保存。

图 3.31

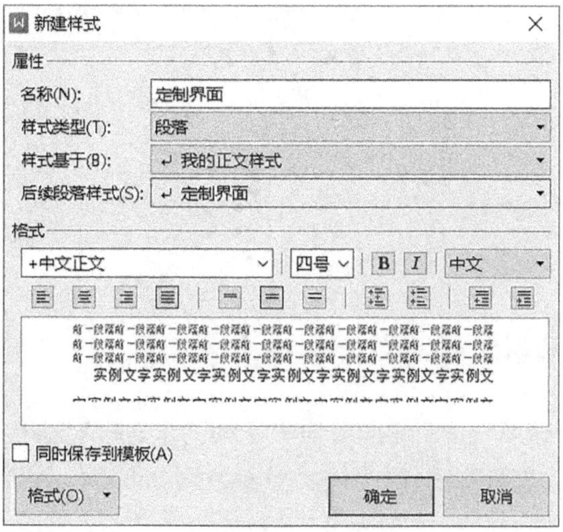

图 3.32

73. 如何自动生成目录?

作为一款常用的文本编辑软件,Word 提供了多种强大的目录制作方式。要生成目录,首先要对文档大纲进行格式化。

（1）文档大纲格式化

方法一:利用章节"70. 如何为一篇长文档快速统一样式?"中的方法对文档中的一级标题、二级标题……分别设置标题 1、标题 2……的样式。这样,文档的大纲即可格式化完成。

Remark:样式工具中的标题 1、标题 2……已经对大纲级别进行了设置,也可以自定义样式的大纲级别,在"段落"对话框的"缩进和间距(I)"选项卡中设置"大纲级别(O)"即可,如图 3.33 所示。

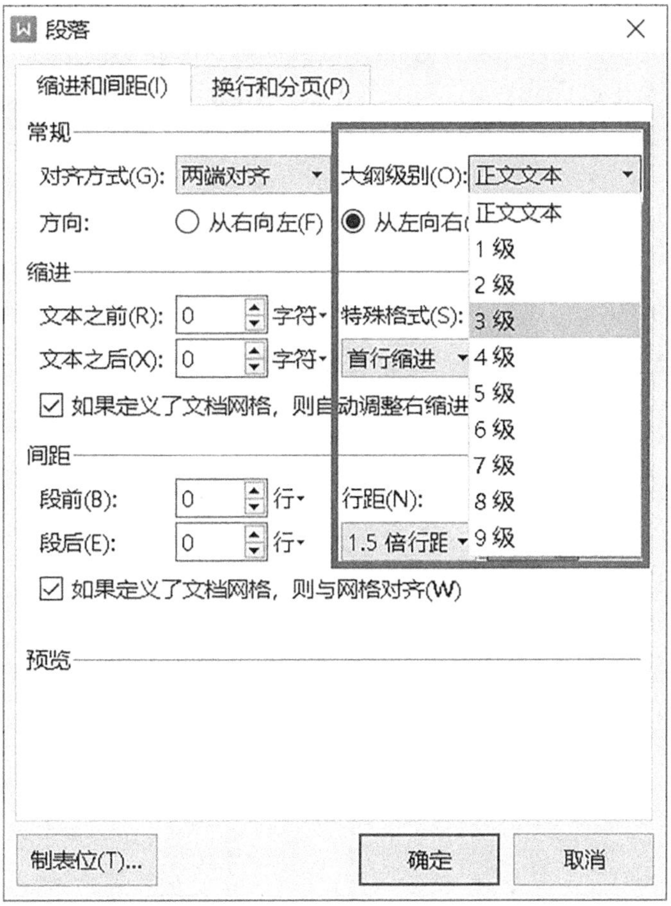

图 3.33

方法二:点击"视图"选项卡,在"视图"选项组中点击"大纲"按钮,进入大纲视图。将光标移动到文档相应的位置后,点击"大纲级别"选项卡,在"大纲级别"选项组中选择"大纲级别"选项,根据实际需要设置好大纲级别后,点击"关闭"按钮即可完成文档大纲格式化,如图 3.34 所示。

图 3.34

（2）自动生成目录

将光标移动到需要插入目录的地方,点击"引用"-"目录",在"目录"选项组中选择目录样式后即可自动生成目录。

Remark:将鼠标悬浮在不同的目录样式上会同步显示"预览目录",如图 3.35 所示。

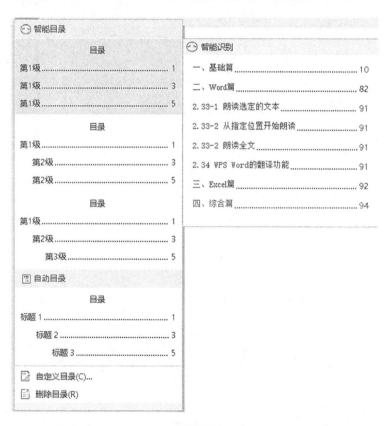

图 3.35

（3）更新目录

当文档中的各级标题有修改或文档页数有变化时,需要对目录进行更新。

鼠标右键点击已生成的目录,选择"更新目录(U)..."选项,如图 3.36 所示,会弹出"更新目录"对话框,如图 3.37 所示。

图 3.36

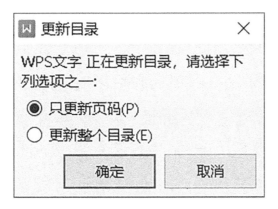

图 3.37

若只是页码有变化,选择"只更新页码(P)",目录页码随之更新。

若各级标题有修改,选择"更新整个目录(E)",目录所有内容将更新。

74. 如何插入日期并自动更新日期?

点击"插入"-"文档部件"-"日期",在"日期和时间"对话框中选择需要的日期格式,同时勾选右侧下方的"自动更新(U)"选项,如图 3.38 所示。设置完成后即可使每次打开文档时显示的日期均为最新日期。

图 3.38

75. 如何插入项目符号?

项目符号最大的作用就是对并列的项目通过符号进行视觉分割,如图 3.39 所示。

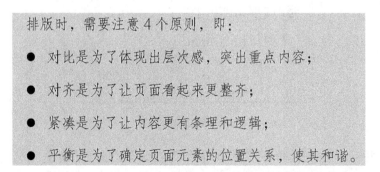

图 3.39

方法是:首先选中要添加项目符号的内容,然后点击"开始"工具选项卡中的"项目符号",如图 3.40 所示,选择需要的"项目符号"即可,如图 3.41 所示。

图 3.40

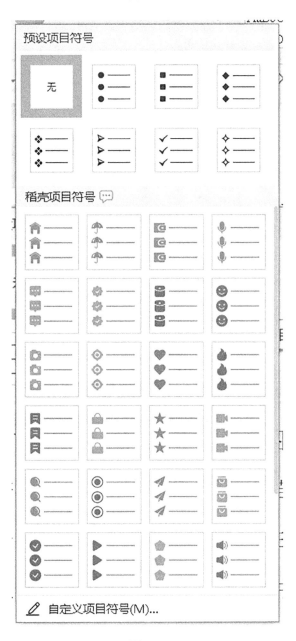

图 3.41

WPS Word 默认设置了 7 种不同图案的符号图案,此外还有"稻壳项目符号"供用户选择,亦可点击最底部的"自定义项目符号(M)"来设置个性化的项目符号。

76. 如何插入项目编号?

上一节"如何插入项目符号?"与本节所讲内容只有一字之差,一个是"项目符号",一个是"项目编号"。

项目编号与项目符号的主要区别是项目编号更具有条理性,根据其序号可以判断先后顺序,在大量的公文、试卷等中都要使用到编号。另外,项目编号的项目位置发生移动或删除时,其他编号都能自动重新排号。

下面以图 3.42 为例演示如何插入项目编号。

学位论文作假行为包括下列情形:
购买、出售学位论文或者组织学位论文买卖的;
由他人代写、为他人代写学位论文或者组织学位论文代写的;
剽窃他人作品和学术成果的;
伪造数据的;
有其他严重学位论文作假行为的。

图 3. 42

选中要插入项目编号的段落,如图 3.43 所示,点击"开始"选项卡,在"段落"选项组中点击"编号"按钮右侧的" 🗎 ",在弹出的菜单(如图 3.44 所示)中选择所需编号格式即可,最终的效果如图 3.45 所示。

学位论文作假行为包括下列情形:
购买、出售学位论文或者组织学位论文买卖的;
由他人代写、为他人代写学位论文或者组织学位论文代写的;
剽窃他人作品和学术成果的;
伪造数据的;
有其他严重学位论文作假行为的。

图 3. 43

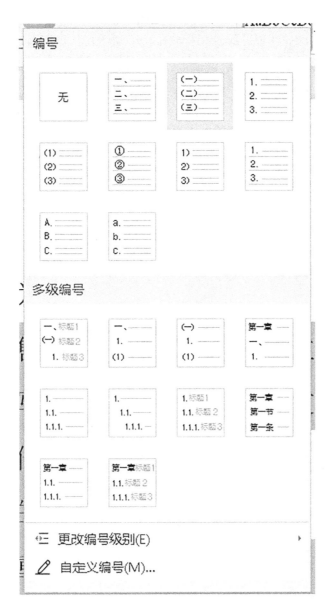

图 3.44

学位论文作假行为包括下列情形：
（一）购买、出售学位论文或者组织学位论文买卖的；
（二）由他人代写、为他人代写学位论文或者组织学位论文代写的；
（三）剽窃他人作品和学术成果的；
（四）伪造数据的；
（五）有其他严重学位论文作假行为的。

图 3.45

如果对软件自带的编号样式均不满意,可使用"自定义编号(M)..."来设计属于自己的个性化编号样式,例如期望得到的效果如图 3.46 所示。

学位论文作假行为包括下列情形:
第一条 购买、出售学位论文或者组织学位论文买卖的;
第二条 由他人代写、为他人代写学位论文或者组织学位论文代写的;
第三条 剽窃他人作品和学术成果的;
第四条 伪造数据的;
第五条 有其他严重学位论文作假行为的。

图 3.46

点击"自定义编号(M)...",如图 3.47 所示,打开"项目符号和编号"-"编号(N)"对话框,选择基础编号后点击"自定义(T)..."按钮,如图 3.48 所示。

图 3.47

图 3.48

在"自定义编号列表"对话框中,我们会发现默认的"编号格式"为"①、",如图 3.49 所示,将"①、"修改为"第①条 "(注意"条"字后方要添加 1 个空格,以避免编号和正文内容连在一起),如图 3.50 所示,注意"自定义编号列表"中间为效果预览区域,底部用于设置编号位置和文字缩进。

图 3.49

图 3.50

77. 如何取消自动编号？

首先选中已添加编号的段落区域，如图 3.51 所示，点击"开始"选项卡，在"段落"选项组中点击"编号"按钮右侧向下箭头" ⊟ "，在弹出的菜单中选择"无"，如图 3.52 所示，即可取消自动编号。

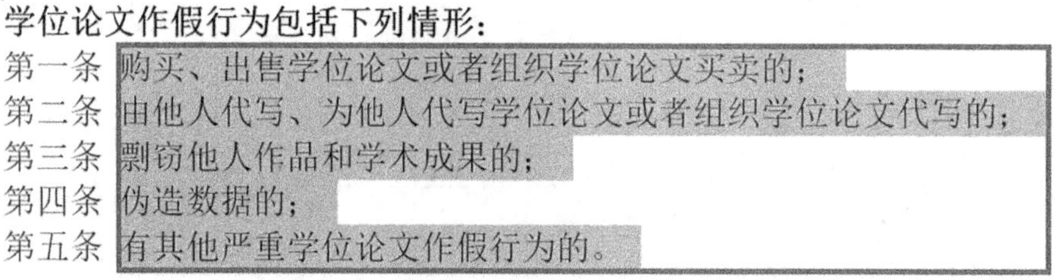

学位论文作假行为包括下列情形：
第一条 购买、出售学位论文或者组织学位论文买卖的；
第二条 由他人代写、为他人代写学位论文或者组织学位论文代写的；
第三条 剽窃他人作品和学术成果的；
第四条 伪造数据的；
第五条 有其他严重学位论文作假行为的。

图 3.51

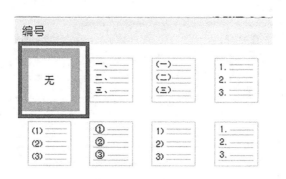

图 3.52

78. 如何给图片或表格添加编号？

很多文档中的图片下方或表格上方有图 1.1、图 1.2、表 2.1、表 2.2 等编号，如果手动输入会很麻烦，而且如果增加或减少图或表，后续编号还要手动一个一个更改。这种类型的编号能否自动生成？

（1）手动为图片插入题注

鼠标左键选中图片后，右键选择"题注(Z)..."，如图 3.53 所示，在"题注"对话框中，直接输入"图 1.1"，这样就可以给图片添加"图 1.1"的编号，如图 3.54 所示，后续图片重复以上步骤即可，序号均能自动生成，即使在"图 1.1"前增加新的图片，后续编号也会自动更新。

Remark：若删除了某个题注，后续编号没自动更新怎么解决？只需按 Ctrl＋A 全选，再按 F9 键即可全部更新。

图 3.53

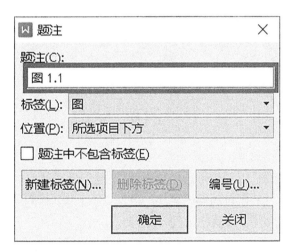

图 3.54

（2）手动为表格插入题注

首先将鼠标光标放置在表格上的任意位置，点击"引用"-"题注"按钮，如图 3.55 所示，在"题注"对话框中，"标签(L)"选择"表"选项，"位置(P)"选择"所选项目上方"，"题注(C)"输入框中录入"表 1"，如图 3.56 所示，这样就可以给表格添加"表 1"的编号。后续表格重复以上步骤即可，序号均能自动生成，即使在"表 1"前增加新的表格，后续编号也会自动更新。

Remark：若删除了某个题注，后续编号没自动更新怎么解决？只需按 Ctrl＋A 全选，再按 F9 键即可全部更新。

图 3.55

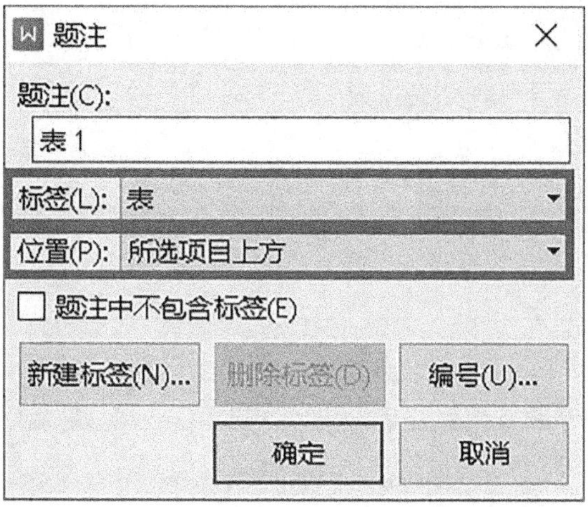

图 3.56

（3）自动插入题注

手动插入题注对于图、表等编号已经很方便了，但如果文档中的图、表等有很多，手动插入题注也比较麻烦，可采用自动插入题注的方法，不过 WPS Word 不具有此项功能，只能使用微软 Word 进行操作，以表格为例，方法如下：

点击"引用"-"插入题注"按钮，在弹出的"题注(C)"对话框中点击左下角"自动插入题注(A)…"按钮。

在"自动插入题注"对话框的"插入时添加题注(A)"选项组中，选择"Microsoft Word 表格"选项，"使用标签(L)"选项中选择"表 2."，"位置(P)"选项中选择"项目上方"即可完成设置,如图 3.57 所示。

在文档中插入表格后,表格上方会自动出现表1、表2的题注。

图 3.57

79. 如何跳过封面插入页码?

给 Word 文档插入页码很简单,点击"页面"-"页码",选择"预设样式"中的任何一个即可,如图 3.58 所示。但当文档使用了封面,就不能将封面的页码设置为"1",而是要使第二页显示为页码"1",如何才能跳过封面插入页码?

图 3.58

操作步骤如下:

首先通过点击"页面"-"页码"正常插入页码,双击封面(即第一页)底部的页脚处,如图 3.59 所示,进入页眉页脚编辑状态,如图 3.60 所示,点击"删除页码"选项卡中的"本页",如图3.61所示,即可设置封面不显示页码,第二页才显示为"1"。

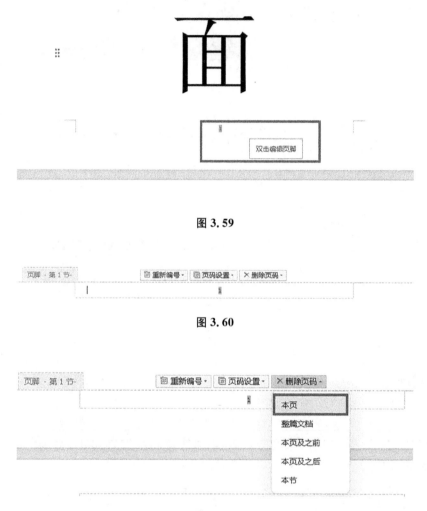

图 3.59

图 3.60

图 3.61

Remark:假如不是第二页,而是第三页及以后的某一页才显示页码"1",暂且称这一页为第 N 页,那么就在第 N-1 页的页脚处双击鼠标左键,进入页眉页脚编辑状态,点击"删除页码"选项卡中的"本页及之前",如图3.62所示。

图 3.62

80. 如何在表格前插入标题?

有时,我们会遇到这样的难题,在 Word 文档中插入了表格,表格编辑好之后,突然发现应该在表格的前面添加一个标题,然而恰好表格处于页面顶端,如图 3.63 所示,没有办法在表格前面插入光标,也没有办法按回车键换行,此时不少人会选择删除表格后重新添加标题,那么有没有更好的办法呢?

校内专业(大类)名称	校内专业(大类)代码
国际经济与贸易	9101
贸易经济	9102
电子商务	9103
金融学	9104
会计学	9107
财务管理	9108

图 3.63

方法一:将光标置于 Word 表格左上角第一个单元格文字的最前面,按回车键,整个表格就会往下移动一行。点击表格上方的空格处即可添加标题。

方法二:用鼠标拖拽表格。将鼠标移动到表格上时,表格的左上角会显示一个十字抓手"⊕",如图 3.64 所示,将鼠标箭头移动到十字抓手处,鼠标箭头前面也会出现十字抓手,按住左键往下拖拽,放开鼠标,表格上方即可插入光标,随后添加标题。

校内专业(大类)名称	校内专业(大类)代码
国际经济与贸易	9101
贸易经济	9102
电子商务	9103
金融学	9104
会计学	9107
财务管理	9108

图 3.64

方法三:剪切粘贴法,首先全选表格,按快捷键 Ctrl+X 剪切下整个表格,然后正常编辑标题,编辑完成后按回车键换行,再按快捷键 Ctrl+V 将表格粘贴到标题的下面,问题成功解决。

81. 无法调小单元格的高度值，怎么办？

有时，我们期望将 Word 中表格的单元格高度调小，但无论是拉拽还是修改其高度值，都没有任何效果，如图 3.65 中的表格，只能将高度调大，却不能调小，该怎么办呢？

姓名	薛帅通	工号	9220140034
部门	教务处	性别	男
学历	硕士研究生	年龄	38 岁

图 3.65

其原因和对应的解决方法如下：

（1）设置了段落间距，取消即可。全选表格后，点击"开始"-"行距"中的"其他"选项卡，在"段落"对话框中，将"间距"中的"段前（B）"和"段后（E）"均调整为"0"，"行距（N）"调整为"单倍行距"，"设置值（A）"为"1"倍，同时取消勾选"如果定义了文档网格，则与网格对齐（W）"，如图 3.66 所示。

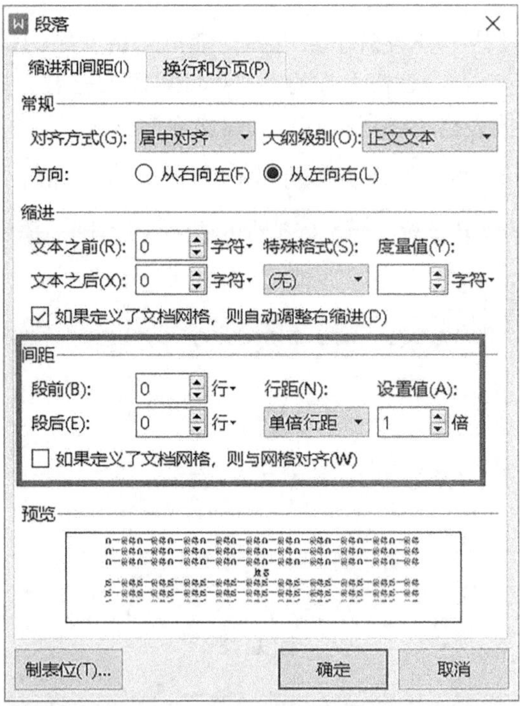

图 3.66

（2）文字大小的原因。虽然表格里面没有文字，但表格本身有字体和文字大小样式，只需全选表格后，将文字大小调小，即可调整单元格高度值。

82. 表格太宽显示不完整怎么办？

从 Excel 或是其他文档复制的表格粘贴到 Word 后，有时会出现表格太宽显示不完整的情况，如图 3.67 所示，怎样解决？

图 3.67

第一种方法：首先将鼠标光标放置在表格上，点击右键，选择"自动调整"-"根据窗口调整表格"或"根据内容调整表格"，此时表格已经完整地插入到图片中，如图 3.68 所示，然后再根据实际需要调整表格文字大小、行距及单元格大小。

图 3.68

第二种方法：如果无需对表格内容进行更改，可在粘贴表格时，选择"选择性粘贴(S)"，如图 3.69 所示，在"选择性粘贴(S)"对话框中，选择"图片(位图)"或"图片(Windows 元文件)"均可，如图 3.70 所示，然后表格将以图片形式插入 Word，如图 3.71 所示。

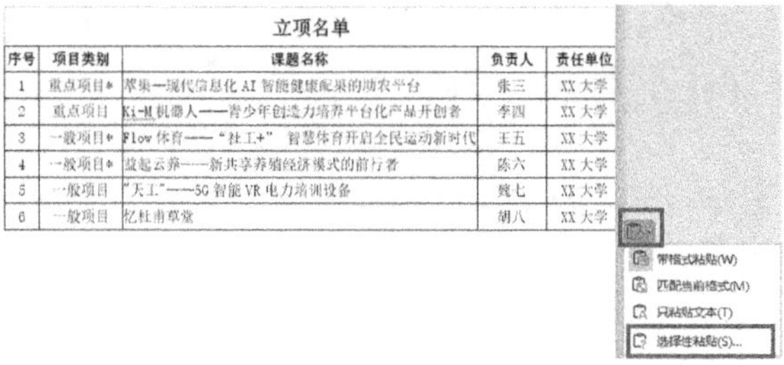

图 3.69

图 3.70

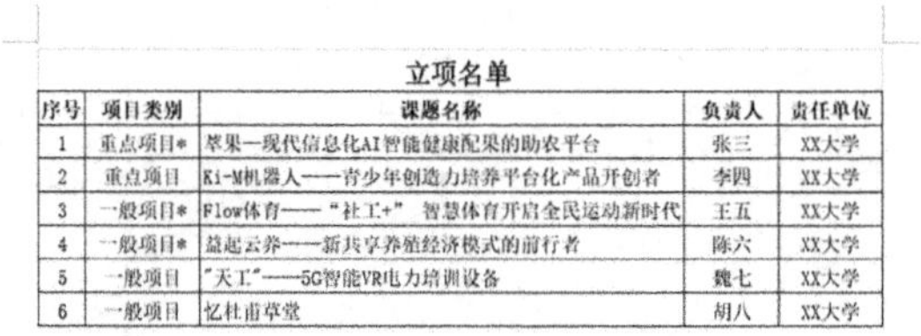

图 3.71

Remark：粘贴成图片更便于排版。

83. 表格跨页后出现大量空白怎么办？

表格内容较多时，常会出现单元格没有断行，但出现了跨页的情况，这时，整段内容调转到了下一页，上一页就出现了大量的空白区域，如图 3.72 所示。该怎么解决呢？

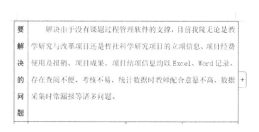

| 目标 | 用情况、结项信息、考核评比等通过系统进行管理，促进学院信息资源共享、交换和管理协同，同时为教职工的年终考评和职称评定提供重要的数据。 |

图 3.72

| 要解决的问题 | 解决由于没有课题过程管理软件的支撑，目前我院无论是教学研究与改革项目还是哲社科学研究项目的立项信息、项目经费使用及报销、项目成果、项目结项信息均以 Excel、Word 记录，存在查阅不便、考核不易、统计数据时教师配合意愿不高、数据采集时常漏报等诸多问题。 |

首先选中跨页的单元格，然后点击鼠标右键，选择"表格属性"按钮，在"表格属性"对话框中，切换到"行(R)"选项卡，勾选"允许跨页断行(K)"选项，同时取消勾选"指定高度(S)"，保证勾选框中不为"☑"或黑色实心方块"■"，如图 3.73 所示，跨页和空白即消失，如图 3.74 所示。

图 3.73

标	息资源共享、交换和管理协同，同时为教职工的年终考评和职称评定提供重要的数据。
要解	解决由于没有课题过程管理软件的支撑，目前我院无论是教学研究与改革项目还是哲社科学研究项目的立项信息、项目经费

图 3.74

决的	使用及报销、项目成果、项目结项信息均以 Excel、Word 记录，存在查阅不便、考核不易、统计数据时教师配合意愿不高、数据

图 3.74

84. 部分文字在表格右侧出现，怎么办?

在制作既有表格又有文字的文档时，有时会出现文本在表格右侧显示的情况，如图 3.75 所示，怎样解决?

校内专业（大类）名称	校内专业（大类）代码
国际经济与贸易	9101
贸易经济	9102
电子商务	9103
金融学	9104
会计学	9107
财务管理	9108
审计学	9109

培养目标：本专业培养适应中国社会主义市场经济发展需要，具有诚信与务实品质、人文与科学素养、国际视野和创

新精神，拥有一定的经济管理和法律等方面的知识和能力，通晓会计学的基本理论和方法，掌握会计师、注册会计师（CPA）等所具备的

图 3.75

出现上述问题的可能原因是之前点击表格左上角的"⊕"图标对表格进行了位置移动。因为一旦点击此图标对表格进行拖动，表格就会开启"文本环绕"模式。

解决方法是：鼠标右键点击表格，选择"表格属性"选项，在"表格属性"对话框中选择"表格(T)"选项卡，将"文字环绕"设置为"无(N)"即可，如图 3.76 所示。

为避免上述问题，在未来的操作中，如果想改变表格的位置，可使用先"剪切"再"粘贴"的方式进行表格移动操作。

图 3.76

85. 表格中的文字向右偏移，该怎么办？

将表格从 Excel 复制到 Word 中时，偶尔会出现表格中的文字向右偏移的情况，如图 3.77 所示，即便设置为"左对齐"或"居中对齐"仍无济于事，影响美观，该怎么办呢？

校内专业（大类）名称	校内专业（大类）代码
国际经济与贸易	9101
贸易经济	9102
电子商务	9103
金融学	9104

图 3.77

首先选中整个表格,然后点击"开始"中的"行距"选项卡,点击"其他(M)"按钮,如图 3.78 所示,在"段落"对话框中,将"缩进"选项中的"特殊格式(S)"改为"无"即可,如图 3.79 所示。

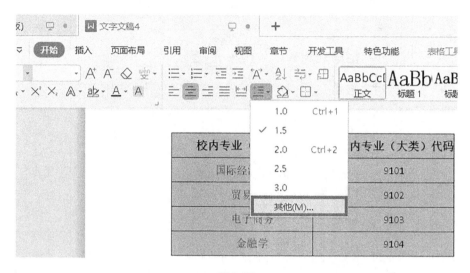

图 3.78

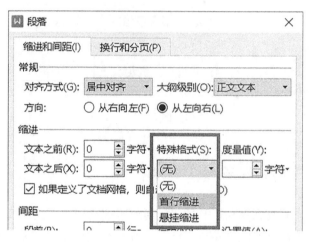

图 3.79

86. 部分文字在图片周围,怎么办?

如图 3.80 所示,文字围绕在图片周围,对此,解决方法是:选中图片,然后依次点击 "图片工具"-"环绕"-"上下型环绕(O)",如图 3.81 所示。

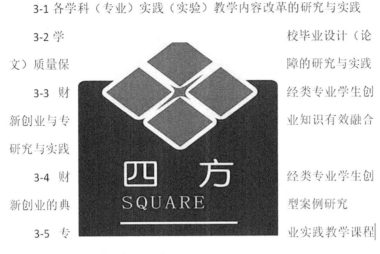

3-1 各学科（专业）实践（实验）教学内容改革的研究与实践

3-2 学　　　　　　　　　　校毕业设计（论

文）质量保　　　　　　　　障的研究与实践

3-3 财　　　　　　　　　经类专业学生创

新创业与专　　　　　　　业知识有效融合

研究与实践

3-4 财　　　　　　　　经类专业学生创

新创业的典　　　　　　　型案例研究

3-5 专　　　　　　　　业实践教学课程

体系优化及实践教学创新研究

图 3.80

图 3.81

87. 如何利用表格实现图文混排？

在文字与图片搭配排版的时候，经常不能很好地控制图片的摆放位置，不能按照自己的意愿来编排，此时可用表格协助排版，让图片不再"乱跑"，最终实现如图 3.82 所示的效果（左边图片，右边文字）。

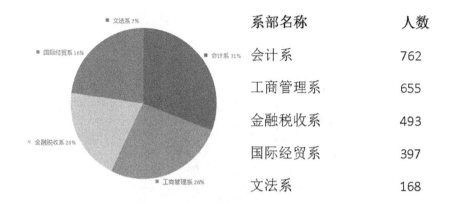

系部名称	人数
会计系	762
工商管理系	655
金融税收系	493
国际经贸系	397
文法系	168

图 3.82

操作步骤：

（1）点击"插入"-"表格"，根据需要插入 1 行×2 列表格，调整表格的高度。

（2）将图片插入到左侧单元格中，将文字复制到右侧单元格中，并调整文字布局。

（3）选中表格，点击"开始"-"边框"中的"无框线（N）"按钮，取消表格所有边框，如图3.83 所示。

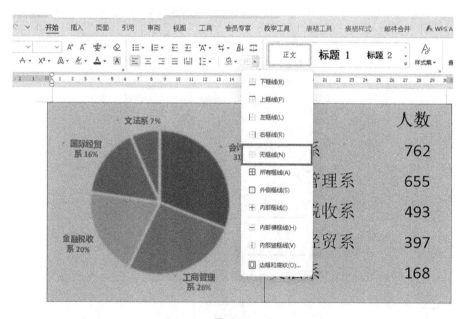

图 3.83

88. 跨页的表格怎样让每页都能显示标题行？

选中需要设置每页重复标题行的单元格区域，依次点击"表格工具"-"选项卡"-"标题行重复”按钮，如图 3.84 所示。

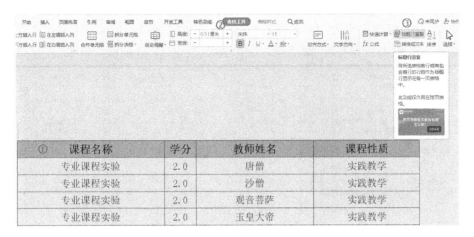

开始
插入
页面布局
引用
审阅
视图
章节
开发工具
特色功能
表格工具
表格样式
查找
合并单元格
拆分单元格
拆分表格
自动调整
高度
宽度
宋体
对齐方式
文字方向
快速计算
公式
标题行重复
转换成文本
排序
选择
标题行重复
① 课程名称 学分 教师姓名 课程性质
专业课程实验 2.0 唐僧 实践教学
专业课程实验 2.0 沙僧 实践教学
专业课程实验 2.0 观音菩萨 实践教学
专业课程实验 2.0 玉皇大帝 实践教学

图 3.84

89. 怎样快速将一个文档中要查找的关键词全部用红色表示？

要将如图 3.85 所示文档中所有“WPS”文字快速改为红色，怎样操作？

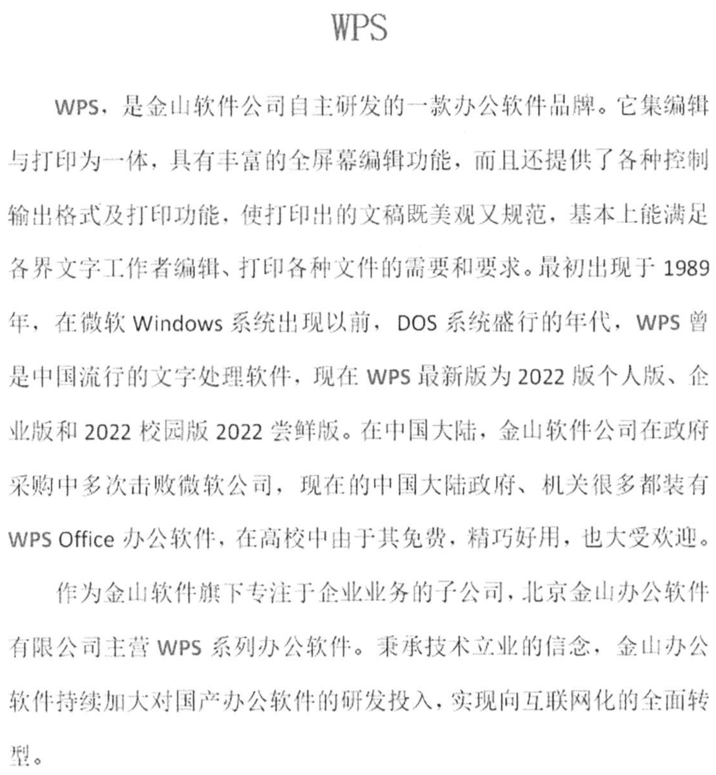

WPS

WPS，是金山软件公司自主研发的一款办公软件品牌。它集编辑与打印为一体，具有丰富的全屏幕编辑功能，而且还提供了各种控制输出格式及打印功能，使打印出的文稿既美观又规范，基本上能满足各界文字工作者编辑、打印各种文件的需要和要求。最初出现于 1989 年，在微软 Windows 系统出现以前，DOS 系统盛行的年代，WPS 曾是中国流行的文字处理软件，现在 WPS 最新版为 2022 版个人版、企业版和 2022 校园版 2022 尝鲜版。在中国大陆，金山软件公司在政府采购中多次击败微软公司，现在的中国大陆政府、机关很多都装有 WPS Office 办公软件，在高校中由于其免费，精巧好用，也大受欢迎。

作为金山软件旗下专注于企业业务的子公司，北京金山办公软件有限公司主营 WPS 系列办公软件。秉承技术立业的信念，金山办公软件持续加大对国产办公软件的研发投入，实现向互联网化的全面转型。

图 3.85

　　用快捷键 Ctrl＋H 打开"查找和替换"对话框，在"查找内容(N)"和"替换为(I)"输入框中均输入"WPS"，点击"格式(O)"选项卡中的"字体(F)"按钮，如图 3.86 所示，在"替换字体"对话框中，"字形(Y)"选择"加粗"，"字体颜色(C)"选择"红色"后点击"确定"，如图 3.87 所示。返回"查找和替换"对话框，点击"全部替换(A)"完成所需效果。

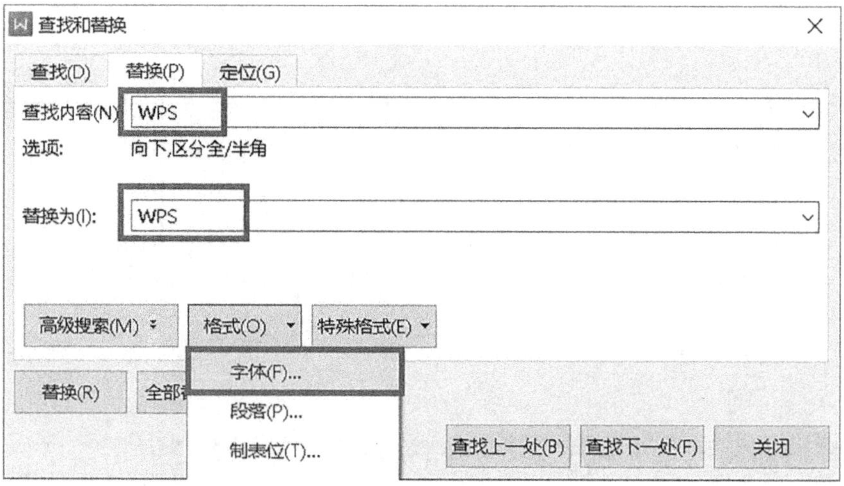

图 3.86

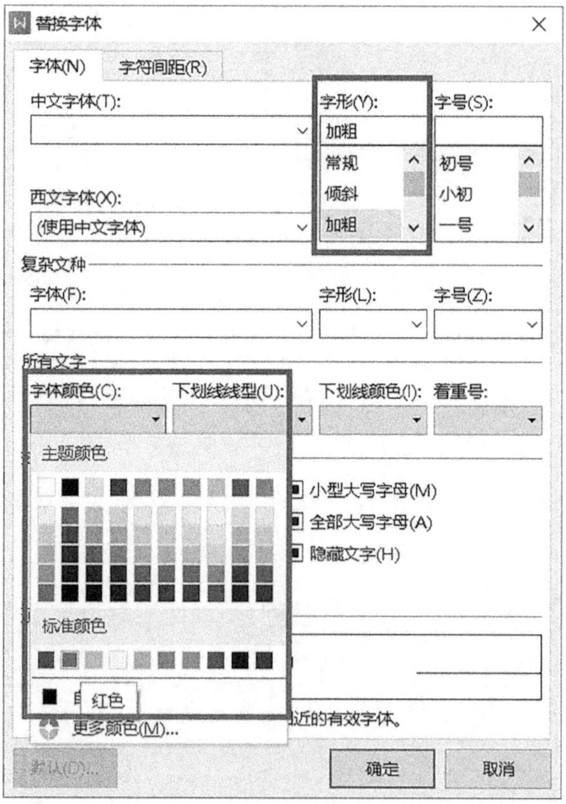

图 3.87

90. 网上复制的文稿中有很多空格和换行,怎样快速去掉?

从网上复制下来的文稿常常有很多空格和换行,导致版式很乱,如图 3.88 所示,怎样才能快速去掉它们呢?

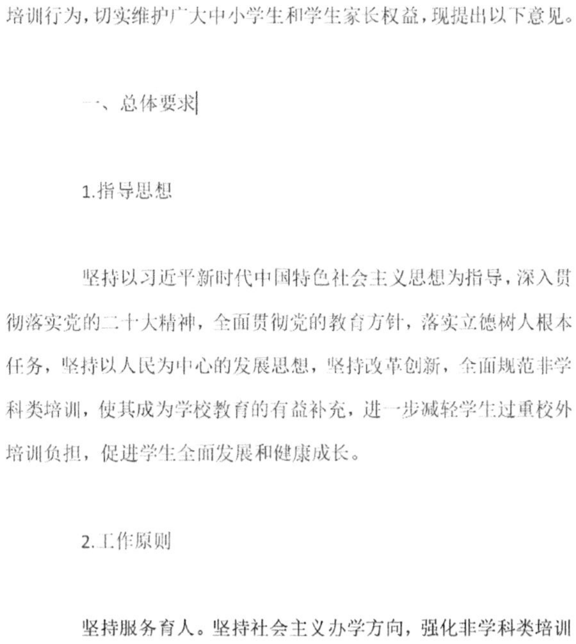

培训行为,切实维护广大中小学生和学生家长权益,现提出以下意见。

一、总体要求

1.指导思想

坚持以习近平新时代中国特色社会主义思想为指导,深入贯彻落实党的二十大精神,全面贯彻党的教育方针,落实立德树人根本任务,坚持以人民为中心的发展思想,坚持改革创新,全面规范非学科类培训,使其成为学校教育的有益补充,进一步减轻学生过重校外培训负担,促进学生全面发展和健康成长。

2.工作原则

坚持服务育人。坚持社会主义办学方向,强化非学科类培训

图 3.88

(1)批量去掉空格

在 WPS Word 中打开要处理的文档,点击"开始"-"文字工具"-"删除(D)"-"删除空格(W)"即可,操作界面如图 3.89 所示。

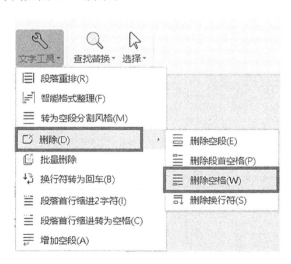

图 3.89

（2）批量去掉空段

点击"开始"-"文字工具"-"删除（D）"-"删除空段（E）"即可,操作界面如图 3.90 所示。

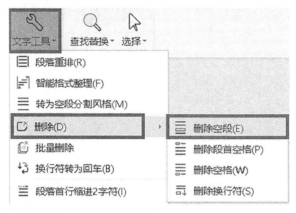

图 3.90

Remark:因版本不同,部分 WPS 中此功能在"开始"-"排版"中。

91. 怎样才能找出他人在我的文档里修改的内容?

自己的文档发给他人修改后,如果没有打开"修订模式",对方也没有使用"批注"工具,如何查找被修改的内容?

点击"审阅"-"比较"-"比较（C）"按钮,如图 3.91 所示。

图 3.91

在"比较文档"对话框中,"原文档（O）"选择原始的文档,"修订的文档（K）"选择对方修改过的文档,然后点击"确定",如图 3.92 所示。

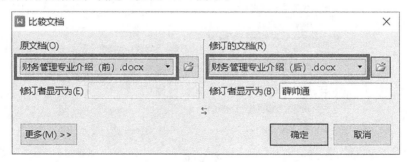

图 3.92

此时会生成一个新的文档,其中显示了所有修改过的内容,如图 3.93 所示。

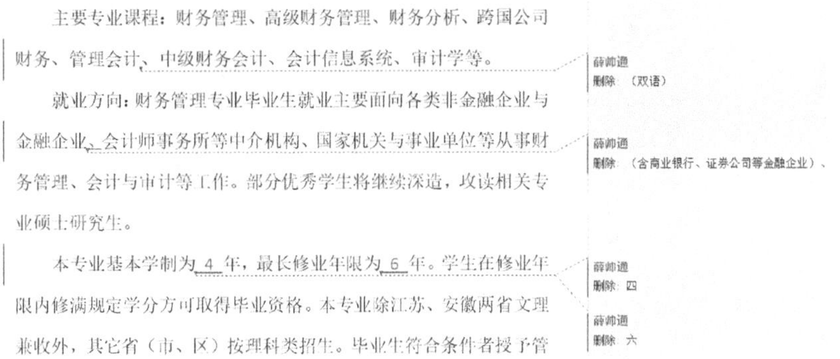

主要专业课程:财务管理、高级财务管理、财务分析、跨国公司
财务、管理会计、中级财务会计、会计信息系统、审计学等。
就业方向:财务管理专业毕业生就业主要面向各类非金融企业与
金融企业,会计师事务所等中介机构、国家机关与事业单位等从事财
务管理、会计与审计等工作。部分优秀学生将继续深造,攻读相关专
业硕士研究生。
本专业基本学制为 4 年,最长修业年限为 6 年。学生在修业年
限内修满规定学分方可取得毕业资格。本专业在江苏、安徽两省文理
兼收外,其它省(市、区)按理科类招生。毕业生符合条件者授予管

薛帅通
删除 (双语)

薛帅通
删除 (含商业银行、证券公司等金融企业)、

薛帅通
删除 四

薛帅通
删除 六

图 3.93

92. 合同文档怎样实现局部地方可编辑修改?

作为学院标准的合同模板,很多格式条款已经是法律专家审核过的,但发给对方后,总会
出现有些条款被修改的情况,能否对合同文档设置限定,只允许对局部地方可编辑修改?

点击"审阅"-"限制编辑"按钮。

用鼠标左键拖动选择允许编辑的文字区域,如果要选择不连贯的多个段落区域,可按
住 Ctrl 键,然后拖动选择,多区域选择后的效果如图 3.94、图 3.95 所示。

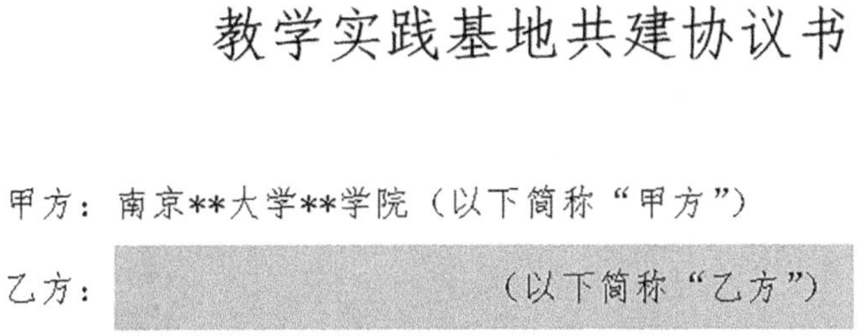

教学实践基地共建协议书

甲方:南京**大学**学院(以下简称"甲方")

乙方:　　　　　　　　(以下简称"乙方")

图 3.94

甲方(盖章):

甲方代表:

年　月　日

乙方(盖章):

乙方代表:

年　月　日

图 3.95

选择好可编辑区域后,在右侧"限制编辑"对话框中依次选择"设置文档的保护方式"-
"只读"及"每个人",在"每个人"下拉菜单中选择"显示此用户可以编辑的所有区域(S)",
如图 3.96 所示,最后点击"启动保护"按钮,如图 3.97 所示。

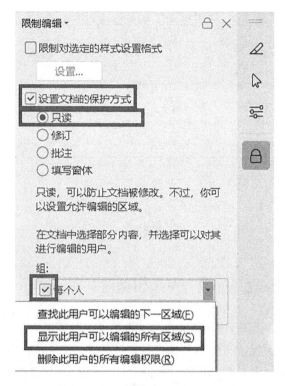

图 3. 96

图 3. 97

Remark：在"每个人"下拉菜单选择"显示此用户可以编辑的所有区域(S)"后，仍然显示"每个人"选项。

在"启动保护"对话框中输入新密码并确认新密码，如图 3.98 所示，最后点击"确定"，最终的效果如图 3.99 所示，合同文档模板已设置为仅部分可以编辑（可编辑区域显示为浅黄色，且被中括号"[]"括起来），其他区域无法编辑，除非在"限制编辑"对话框中点击"停止保护"并输入正确的密码，才能修改文档所有区域。

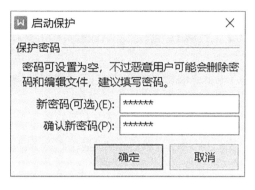

图 3.98

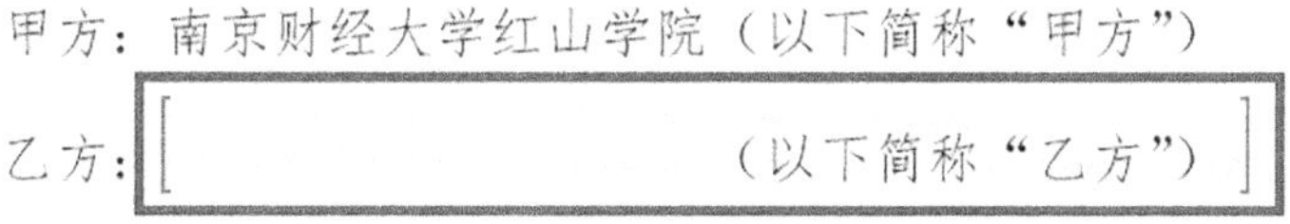

甲方：南京财经大学红山学院（以下简称"甲方"）

乙方：[（以下简称"乙方"）]

图 3.99

93. 文档设置了页面背景颜色或背景图，如何打印出来？

点击"页面"-"背景"按钮，进入"背景设置"选项卡，点击颜色选项或"图片背景"可为 Word 页面设置背景颜色或背景图，但打印的时候却没法打印出来，如何解决？

依次点击"文件"-"选项"按钮，在弹出的"选项"对话框中，点击"打印"选项卡，勾选"打印背景色和图像(B)"即可，如图 3.100 所示。

图 3.100

94. 怎样快速保存 Word 中的图片？

很多时候，需要将 Word 文档中的图片单独保存，一张一张地点击"另存为"保存很麻烦，有什么快速的方法？

用 WPS Word 打开文档，在任意一张图片上点击鼠标右键选择"保存全部图片"，如图 3.101 所示，然后选择"输出目录"后点击"开始保存"按钮即可保存 Word 文档中的所有图片，如图 3.102 所示。

图 3.101

图 3.102

Remark：新版本 WPS 中，此功能位于点击鼠标右键出现的选项－"另存为图片"－"提取文档中所有图片"中。

95. 如何设置 Word 的默认字体和行距?

每所学校基本上都会有自己的公文格式(或者叫文档行文风格),比如说行文的字体、字号、段间距,文档各级标题的格式等。

将一些常用的格式设置为默认值可以省去不少重复操作,节省工作时间,提高工作效率,那么如何设置 Word 默认字体和行距呢?

首先用 WPS 打开任意一个 Word 文档,点击"开始",鼠标右键点击"正文",选择"修改样式(E)",如图 3.103 所示。

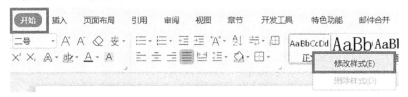

图 3.103

在弹出的"修改样式"对话框中,先为"格式"选择字体、字号,然后在"格式(O)"下拉菜单中点击"段落(P)"按钮,如图 3.104 所示,在"段落"对话框中,设置缩进和段落间距,一般是设置首行缩进 2 个字符,1.5 倍行距,点击"确定"退出,如图 3.105 所示。

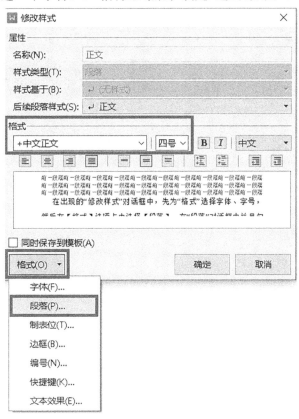

图 3.104

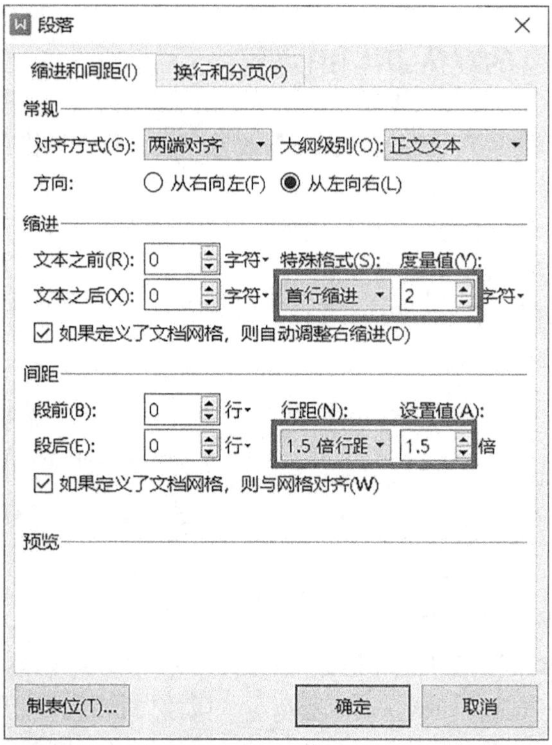

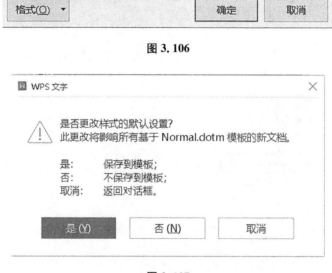

图 3.105

勾选"同时保存到模版（A）"（在"修改样式"对话框中），然后点击"确定"按钮，如图 3.106 所示，在弹出的确认框中点击"是（Y）"，如图 3.107 所示，即可成功设置 WPS 文字默认字体、字号和段落间距。未来新建的文档，正文的字体、字号、段落间距都将以设置的值显示。

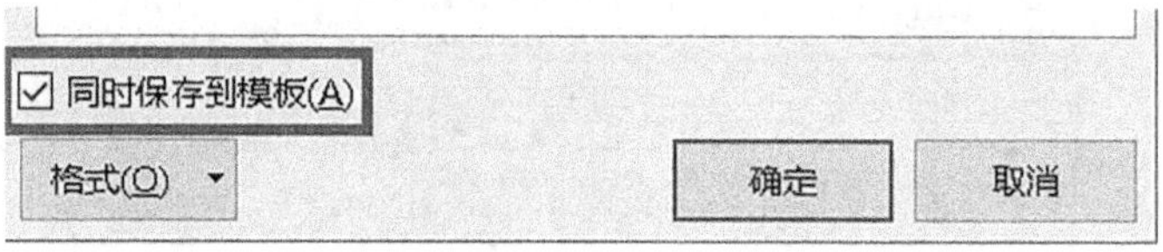

☑ 同时保存到模板（A）

格式（O） ▼   确定   取消

图 3.106

🖫 WPS 文字   ✕

⚠   是否更改样式的默认设置？
     此更改将影响所有基于 Normal.dotm 模板的新文档。

     是：   保存到模板；
     否：   不保存到模板；
     取消： 返回对话框。

     是（Y）   否（N）   取消

图 3.107

Remark：如果并不希望设置值应用于未来所有 Word 文档，而是仅仅用于当前编辑文档，不要勾选"同时保存到模板（A）"即可。

96. 朗读文本

（1）朗读选定的文本
在 WPS Word 中先选定一段文字，点击"审阅"-"朗读"，即可朗读选定的文字。
（2）从指定位置开始朗读
在 WPS Word 中先将鼠标光标放置在指定位置，点击"审阅"-"朗读"，即从光标所在位置开始朗读。
（3）朗读全文
点击"审阅"-"朗读"-"全文朗读（A）"，如图 3.108 所示，即可朗读全文。

图 3.108

97. WPS Word 的翻译功能

首先选中一段文字，点击"审阅"-"翻译"，有两个选项，如果是只翻译选择的段落，点击"短句翻译（T）"；如果想翻译全文，点击"全文翻译"，如图 3.109 所示。

图 3.109

98. 如何将分散的段落调整为紧凑样式?

有些时候,由于 Word 段落文字中存在网址、函数公式或英文等,导致内容分散开来,与其他段落对比显得格格不入,影响美观,如图 3.110 所示,如何改为紧凑样式?

化 的 单 元 格 编 号 即 可 , 函 数 公 式 为 :
=TEXT(INT($A$2),"[DBNum2]")&"   元
"&IF((INT($A$2*10)-INT($A$2)*10)=0,"
",TEXT(INT($A$2*10)-INT($A$2)*10,"[DBNum2]")&"   角
")&IF((INT($A$2*100)-INT($A$2*10)*10)=0,"   整
",TEXT(INT($A$2*100)-INT($A$2*10)*10,"[DBNum2]")&"分")

图 3.110

首先选中分散的段落文字,鼠标右键点击"段落",打开"段落(P)..."设置对话框,切换到"换行和分页(P)"选项卡,勾选"允许西文在单词中间换行(W)",如图 3.111 所示。

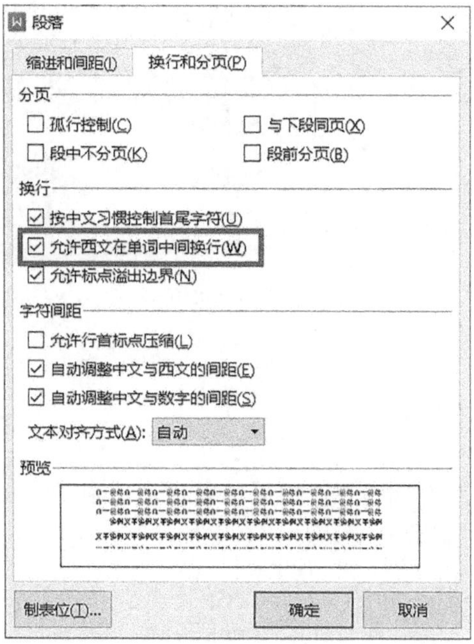

图 3.111

最终的效果如图 3.112 所示。

Remark:在 WPS 文档中,网址和英文均被认为是西文,西文是一串字母(如 number),或者字母与符号混合体(如 www.baidu.com),假如遇到换行,默认下一个西文应连在一起,而不能分开后显示在不同的段落(例如将"number"分为"num"和"ber"),否则很容易让读者认为这是两个不同的西文,增加阅读的困难,所以在排版美观和易读性之间,需做好取舍。

化的单元格编号即可, 函数公式为: =TEXT(INT($A$2),"[DBNum2]")
&"元"&IF((INT($A$2*10)-INT($A$2)*10)=0." ",TEXT(INT($A$2*10)
-INT($A$2)*10,"[DBNum2]")&"角")&IF((INT($A$2*100)-INT($A$2*
10)*10)=0,"整",TEXT(INT($A$2*100)-INT($A$2*10)*10,"[DBNum2]")
&"分")

图 3.112

99. 如何添加文档水印?

在公文中,有时候需要根据情况为文档内容增加水印,以体现文档的专业性,WPS 文字可以便捷增加水印。

点击"页面"-"水印",如图 3.113 所示,在"水印"下拉框中可选择"预设水印"或"插入水印(W)...",如图 3.114 所示。

图 3.113

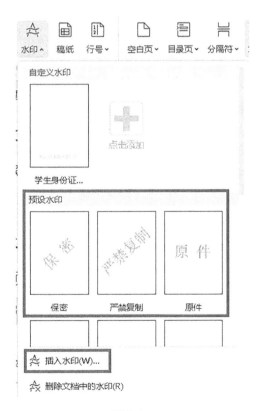

图 3.114

如需插入自定义水印,可在"水印"对话框中,勾选"文字水印(X)"并在"内容(T)"输入框中输入自定义内容,如"教务处自定义",最后点击"确定"按钮,如图 3.115 所示。

Remark:如需调整水印的字号、颜色、版式、透明度等,可点击"内容(T)"下方相应的调整按钮。如需插入图片水印,可勾选"图片水印(I)"进行相应设置。

图 3.115

100. 突然停电或误操作,文档没保存,怎样找回文件?

首先强调一点:在日常工作中,必须养成及时保存文件的良好习惯,随时按快捷键 Ctrl+S,以避免文件编辑后却忘记保存的情况。

如果突然停电或误操作,文档没保存,文件就关闭了,怎样找回文件?

WPS Word 具有自动备份的功能,按照以下步骤进行设置后,未来在使用 WPS 时即可自动备份,遇到突发停电或误操作时即可找回未保存的文件,尽可能地挽回损失。

(1)点击"文件"-"选项(L)"按钮,在弹出的"选项"对话框中,点击"备份中心",如图 3.116 所示。

(2)在"备份中心"对话框中,点击"本地备份设置"按钮进入"本地备份设置"对话框,如图 3.117 所示。

(3)在"本地备份设置"对话框中,选择"定时备份"并设置备份间隔时间(案例中设置的是 1 分钟,表示每隔 1 分钟自动备份一次),如图 3.118 所示。

图 3.116

图 3.117

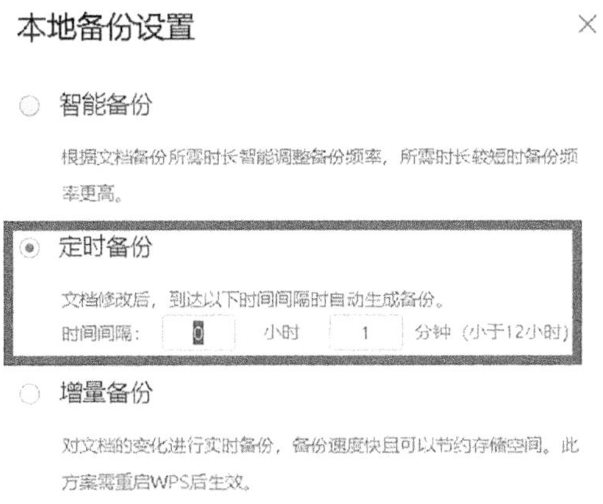

本地备份设置 ✕

○ 智能备份

根据文档备份所需时长智能调整备份频率，所需时长较短时备份频率更高。

● 定时备份

文档修改后，到达以下时间间隔时自动生成备份。

时间间隔：　[0]　小时　　1　分钟（小于12小时）

○ 增量备份

对文档的变化进行实时备份，备份速度快且可以节约存储空间。此方案需重启WPS后生效。

图 3.118

经过以上备份设置操作，以后当遇到突发停电、Word 突然出现错误关闭、忘记保存等情况，只需再次启动 WPS Word，依次点击"文件"-"选项"-"备份中心"，即可在"备份中心"对话框中找到之前保存的文档，点击时间最近的文件即可"找回"未保存的文件，如图3.119 所示。

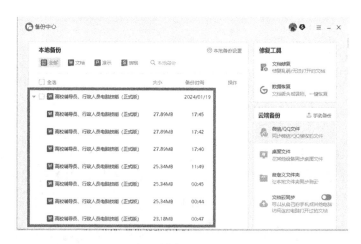

图 3.119

Remark：当用户随时保存文件时会覆盖自动备份，并非 WPS 自动备份功能未运行。

四、Excel 篇

101. 哪些是 Excel 操作好习惯？

Excel 表格最大的作用就是存储数据、查找数据、分析数据，为更好支撑这些作用，应养成以下好习惯：

（1）统一日期格式

日期的表示方法有很多，如 2023 年 10 月 1 日、2023-10-01、2023/10/01、2023. 10. 01……

读者日常工作中喜欢哪种方式表示日期并不重要，重要的是要保持统一，便于后期的数据处理，如筛选和统计。

（2）数据与单位分离

如图 4.1 所示的"奖学金金额"一列，在数据后面添加了单位，看起来虽然没有问题，但实际上却无法进行求和计算。好的习惯是将单位添加到字段名称中，变为"奖学金金额/元"。

姓名	奖学金金额
曹操	1000元
袁绍	2000元
夏侯惇	1000元
甘宁	3000元
太史慈	2000元
魏延	1500元
姜维	1000元
刘备	2000元
关羽	2500元
张飞	3000元
赵云	1000元

图 4.1

（3）不使用无意义的空格

最常见的坏习惯是为了对齐好看，在两个字的姓名中人为添加空格，殊不知这种做法在进行查找、筛选或 VLOOKUP 时会出现问题，如图 4.2 所示的查找"甘宁"操作，即提示找不到数据。

图 4.2

（4）编辑表格定时保存

在编辑表格时，养成每隔一段时间按一下 Ctrl＋S 键对文件进行保存的好习惯，避免遭遇电脑死机或突然停电等意外情况时的内容丢失。操作 Word 文档时亦然。

（5）做好数据备份

对于一些表格模板或重要表格，最好事先备份，在副本上编辑，尽量不要在原稿上直接修改，以免出现一些意想不到的麻烦。比如在对表格进行了一系列操作后，要想重新还原到最初的表格，基本上是办不到的。如果只是对副本进行操作，则不管怎么操作，原来的文档都还在，如果以后需要最初的表格，依然可以找到。

102. 如何在大量单元格区域中快速跳转光标？

图 4.3 所示的是某高校某学年开设的全部课程信息，总计有 1 300 多条数据，拥有大量单元格区域，如何在这些区域中快速跳转光标（而非用鼠标滚轮上下滑动）？

	课程名称	课程号	课程类别	课程性质	授课方式	考核方式	学时	开课单位	单位号	学生数	教材使用情况
2	ERP企业资源计划	0201501	专业课	理论课	无	考试	56	工商管理系	10911022	75	无
3	ERP人力资源管理模块	0200289	专业课	理论课	无	考试	28	工商管理系	10911022	135	选用
4	ERP生产管理模块	020028A	专业课	理论课	无	考试	36	工商管理系	10911022	126	选用
5	Logistics InformationSystem	0902350	专业课	理论课	全外语授课	考试	48	工商管理系	10911022	104	选用
6	Service Marketing	090234A	专业课	理论课	全外语授课	考试	57	工商管理系	10911022	61	选用
7	SPSS社会经济统计分析	0200124	专业课	理论课	无	考试	72	工商管理系	10911022	75	选用
8	SPSS社会经济统计分析	0200124	专业课	理论课	无	考试	72	工商管理系	10911022	74	选用
9	采购与供应	0902020	专业课	理论课	无	考试	51	工商管理系	10911022	114	选用
10	采购与供应	0900231	专业课	理论课	无	考试	34	工商管理系	10911022	23	选用
1379	职业发展与就业基础2	3900031	公共必修课	理论课	无	考查	18	学生处	10913003	156	选用
1380	职业发展与就业基础2	3900031	公共必修课	理论课	无	考查	18	学生处	10913003	150	选用
1381	职业发展与就业基础2	3900031	公共必修课	理论课	无	考查	18	学生处	10913003	244	选用
1382	职业发展与就业基础2	3900031	公共必修课	理论课	无	考查	18	学生处	10913003	157	选用
1383	职业发展与就业基础2	3900031	公共必修课	理论课	无	考查	18	学生处	10913003	152	选用
1384	职业发展与就业基础2	3900031	公共必修课	理论课	无	考查	18	学生处	10913003	157	选用
1385	职业发展与就业基础2	3900031	公共必修课	理论课	无	考查	18	学生处	10913003	151	选用

图 4.3

按快捷键 Ctrl＋↑,光标跳转到当前光标所在列的第一个单元格,假如目前光标在 B1380 单元格,按快捷键 Ctrl＋↑后光标跳转到 B1 单元格。

按快捷键 Ctrl＋↓,光标跳转到当前光标所在列的最后一个单元格,假如目前光标在 B1 单元格,按快捷键 Ctrl＋↓后光标跳转到 B1385 单元格。

按快捷键 Ctrl＋←,光标跳转到当前光标所在行的第一个单元格,假如目前光标在 B1385 单元格,按快捷键 Ctrl＋←后光标跳转到 A1385 单元格。

按快捷键 Ctrl＋→,光标跳转到当前光标所在行的最后一个有数值单元格,假如目前光标在 A1385 单元格,按快捷键 Ctrl＋→后光标跳转到 K1385 单元格。

Remark:快捷键"Ctrl＋↑↓←→"遇到"空白单元格"会被阻拦在紧邻"空白单元格"的"非空单元格"中,再按快捷键则会跳过空格到达"空白单元格"后的第一个"非空单元格"。例如,图 4.4 中,A7 单元格为空,假如当前光标在 A1,第 1 次按快捷键 Ctrl＋↓,光标跳转到 A6;第 2 次按快捷键 Ctrl＋↓,光标跳转到 A8;第 3 次按快捷键 Ctrl＋↓,光标跳转到 A1385。

▲	A	B	C	D
1	课程名称	课程号	课程类别	课程性质
2	ERP企业资源计划	0201591	专业课	理论课
3	ERP人力资源管理模块	0200289	专业课	理论课
4	ERP生产管理模块	020028A	专业课	理论课
5	Logistics InformationSystem	0902350	专业课	理论课
6	Service Marketing	090234A	专业课	理论课
7		0200124	专业课	理论课
8	SPSS社会经济统计分析	0200124	专业课	理论课
9	采购与供应	0902020	专业课	理论课
10	采购与供应	0900231	专业课	理论课
11	仓储管理	0902210	专业课	理论课
12	仓储管理	0902210	专业课	理论课
1381	职业发展与就业基础2	3900031	公共必修课	理论课
1382	职业发展与就业基础2	3900031	公共必修课	理论课
1383	职业发展与就业基础2	3900031	公共必修课	理论课
1384	职业发展与就业基础2	3900031	公共必修课	理论课
1385	职业发展与就业基础2	3900031	公共必修课	理论课

图 4.4

103. 如何在大量单元格区域中快速选择区域?

图 4.5 所示的是某高校某学年开设的全部课程信息,总计有 1 300 多条数据,拥有大量单元格区域,如何在这些区域中快速选择单元格区域?

首先将光标放置在想选择区域的第一个单元格中,例如想选择 A 列中的非空区域,就将光标放置在 A1 中,按快捷键 Ctrl＋Shift＋↓即可选中 A1 至 A1385 所有的非空单元格,如图 4.6 所示。

Ctrl＋Shift＋↑:向上选择区域。

Ctrl＋Shift＋↓:向下选择区域。

	A	B	C	D	E	F	G	H	I	J	K
1	课程名称	课程号	课程类别	课程性质	授课方式	考核方式	学时	开课单位	单位号	学生数	教材使用情况
2	ERP企业资源计划	0201591	专业课	理论课	无	考试	56	工商管理系	10911022	75	无
3	ERP人力资源管理模块	0200289	专业课	理论课	无	考试	28	工商管理系	10911022	135	选用
4	ERP生产管理模块	020028A	专业课	理论课	无	考试	36	工商管理系	10911022	126	选用
5	Logistics InformationSystem	0902350	专业课	理论课	全外语授课	考试	48	工商管理系	10911022	104	选用
6	Service Marketing	090234A	专业课	理论课	全外语授课	考试	57	工商管理系	10911022	61	选用
7	SPSS社会经济统计分析	0200124	专业课	理论课	无	考试	72	工商管理系	10911022	75	选用
8	SPSS社会经济统计分析	0200124	专业课	理论课	无	考试	72	工商管理系	10911022	74	选用
9	采购与供应	0902020	专业课	理论课	无	考试	51	工商管理系	10911022	114	选用
10	采购与供应	0900231	专业课	理论课	无	考试	34	工商管理系	10911022	23	选用
1379	职业发展与就业基础2	3900031	公共必修课	理论课	无	考查	18	学生处	10913003	156	选用
1380	职业发展与就业基础2	3900031	公共必修课	理论课	无	考查	18	学生处	10913003	150	选用
1381	职业发展与就业基础2	3900031	公共必修课	理论课	无	考查	18	学生处	10913003	244	选用
1382	职业发展与就业基础2	3900031	公共必修课	理论课	无	考查	18	学生处	10913003	157	选用
1383	职业发展与就业基础2	3900031	公共必修课	理论课	无	考查	18	学生处	10913003	152	选用
1384	职业发展与就业基础2	3900031	公共必修课	理论课	无	考查	18	学生处	10913003	157	选用
1385	职业发展与就业基础2	3900031	公共必修课	理论课	无	考查	18	学生处	10913003	151	选用

图 4.5

	A	B	C
1360	宗教文化	0802860	公共选修课
1361	职业发展与就业基础1	3900030	公共必修课
1362	职业发展与就业基础1	3900030	公共必修课
1363	职业发展与就业基础1	3900030	公共必修课
1364	职业发展与就业基础1	3900030	公共必修课
1365	职业发展与就业基础1	3900030	公共必修课
1366	职业发展与就业基础1	3900030	公共必修课
1367	职业发展与就业基础1	3900030	公共必修课
1368	职业发展与就业基础1	3900030	公共必修课
1369	职业发展与就业基础1	3900030	公共必修课
1370	职业发展与就业基础1	3900030	公共必修课
1371	职业发展与就业基础1	3900030	公共必修课
1372	职业发展与就业基础1	3900030	公共必修课
1373	职业发展与就业基础2	3900031	公共必修课
1374	职业发展与就业基础2	3900031	公共必修课
1375	职业发展与就业基础2	3900031	公共必修课
1376	职业发展与就业基础2	3900031	公共必修课
1377	职业发展与就业基础2	3900031	公共必修课
1378	职业发展与就业基础2	3900031	公共必修课
1379	职业发展与就业基础2	3900031	公共必修课
1380	职业发展与就业基础2	3900031	公共必修课
1381	职业发展与就业基础2	3900031	公共必修课
1382	职业发展与就业基础2	3900031	公共必修课
1383	职业发展与就业基础2	3900031	公共必修课
1384	职业发展与就业基础2	3900031	公共必修课
1385	职业发展与就业基础2	3900031	公共必修课

图 4.6

Ctrl＋Shift＋←:向左选择区域。

Ctrl＋Shift＋→:向右选择区域。

Remark:在实际工作中,用鼠标拖拽选择更常用一些,快捷键 Ctrl＋Shift＋ ↑ ↓ ← → 使用的机会并不多,读者简单了解即可。

104．VLOOKUP 函数的应用

VLOOKUP 函数是一个查找函数，可以在指定区域内找到特定的值。

它的语法结构是：VLOOKUP（查找值，数据表，列序数，匹配条件）。

已知部分学生的学号，也有所有学生的信息（浅色单元格底纹标注部分），利用 VLOOKUP 函数匹配学生的姓名、身份证号码、班级，如图 4.7 所示。

	A	B	C	D		L	M	N	O	P
1	学号	姓名	身份证号	行政班		学号	姓名	行政班	身份证号	
2	2220101288					2220100984	刘备	工商1251	411284198810293838	
3	2220100678					2220100990	关羽	财管1051	411182199002021013	
4	2220100675					2220100999	张飞	金融1255	411183198912245511X	
5	2220100033					2220101002	赵云	金融1255	410281198809202273	
6	2220101240					2220101009	马超	金融1255	410683198809150025	
7	2220100229					2220101016	黄忠	金融1255	330226198812192886	
8	2220100311					2220101284	孙策	金融1255	411081198806290417	
9	2220100683					2220101290	周瑜	金融1255	410621198908028149	
10	2220100574					2220101292	司马懿	金融1255	410483198910280720	
11	2220100234					2220101296	诸葛亮	金融1255	410525198806162566	
12	2220100990					2220101298	庞统	金融1255	410684198811011143	
13	2220101370					2220101303	鲁肃	金融1255	410122199004142021	
14	2220100367					2220101314	貂蝉	金融1255	360302198905230044	
15	2220100664					2220101326	甄姬	金融1255	411084198811015521	
16	2220101867					2220101333	孙尚香	金融1255	410582198902040410	
17	2220101731					2220101337	吕布	金融1255	411088198904104341	
18	2220101009					2220101348	曹操	金融1255	411181198806305969	
19	2220101296					2220101370	袁绍	保险1251	411281199002227643	
20						2220101440	夏侯惇	保险1251	420582198909272769	
21						2220101463	甘宁	保险1251	410682198908140483	
22						2220101708	太史慈	保险1251	330521198807240024	
23						2220101731	魏延	保险1251	410411198910011542	
24						2220101745	姜维	保险1251	411281198909195534X	
25						2220101802	小王	保险1251	410283198811115024	
26						2220101867	小李	保险1251	410211198905101924	
27						2220101947	小钟	保险1251	410504198810271261	
28						2220100033	小红	保险1251	410582198907268826	

图 4.7

首先在"学号"字段（即 A 列）后面添加一个临时列，命名为"临时"，此时"临时"列占用了 B 列，"姓名""身份证号""行政班"分别由原来的 B 列、C 列、D 列变为 C 列、D 列、E 列，如图 4.8 所示。

	A	B	C	D	E	M	N	O	P	Q
1	学号	临时	姓名	身份证号	行政班		学号	姓名	行政班	身份证号
2	2220101288						2220100984	刘备	工商1251	411284198810293838
3	2220100678						2220100990	关羽	财管1051	411182199002021013
4	2220100675						2220100999	张飞	金融1255	411183198912245511X

图 4.8

在单元格 B2 中输入＝VLOOKUP(A2,N:Q,2,0)，匹配到学号 2220101288 所对应的姓名，如图 4.9 所示，将鼠标光标放置于 B2 单元格的右下角，待光标变为实心十字"＋"后，双击鼠标左键，批量匹配到姓名。为便于读者理解，此时将鼠标移动到 B3 单元格，可以看到 B3 单元格中的公式是＝VLOOKUP(A3,N:Q,2,0)，如图 4.10 所示，也就是说在鼠标左键双击实心十字"＋"后，VLOOKUP 函数的第一个参数会自动更新，而其他参数未变。

图 4.9

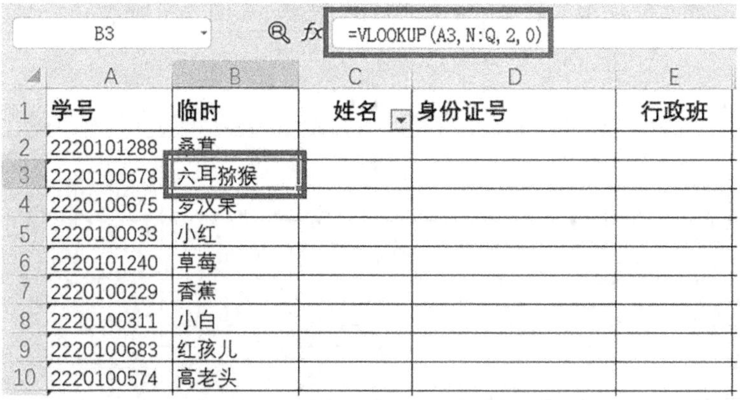

图 4.10

鼠标先选中单元格 B2，然后按下快捷键 Ctrl＋Shift＋↓ 选中 B2 到 B19 的单元格范围，按下快捷键 Ctrl＋C，然后鼠标点击选中单元格 C2，在单元格 C2 中，右键选择"粘贴为数值（V）"，如图 4.11 所示，完成 A2 到 A19 总计 18 位学生的姓名匹配。

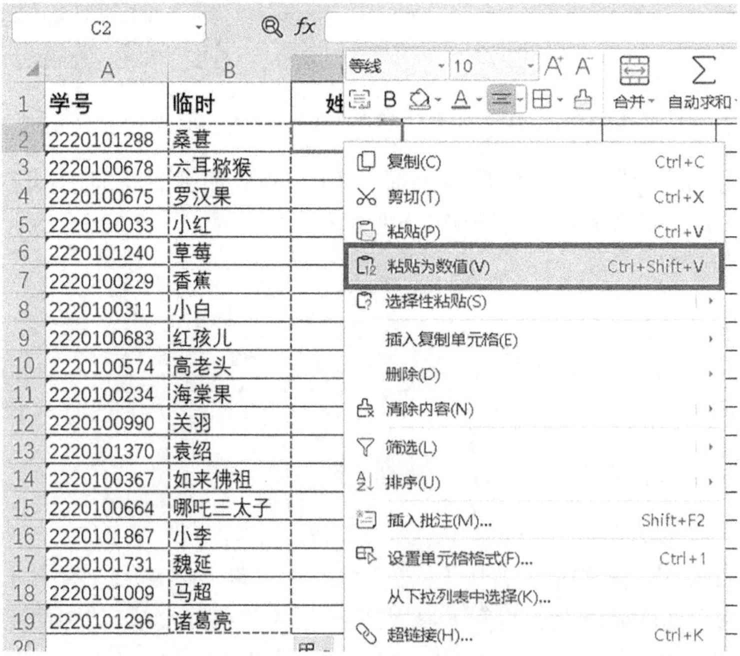

图 4.11

Remark1：单元格 B2 至 B19，在 Excel 中可表示为 B2：B19，英文冒号“：”相当于“至”或“到”的意思，A1：B10 表示 A1 到 B10 横跨 2 列的单元格范围，如图 4.12 所示，如果是 N 列到 Q 列，表示为 N：Q。

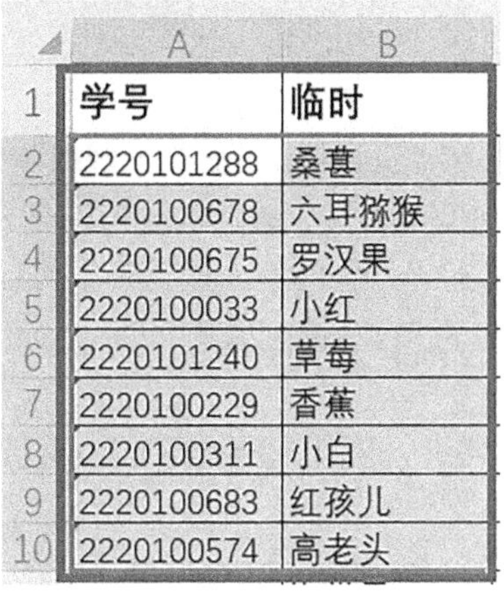
A
B
1 学号 临时
2 2220101288 桑葚
3 2220100678 六耳猕猴
4 2220100675 罗汉果
5 2220100033 小红
6 2220101240 草莓
7 2220100229 香蕉
8 2220100311 小白
9 2220100683 红孩儿
10 2220100574 高老头

图 4.12

Remark2：因“临时”列中 B2：B19 中均为公式，将其拷贝到“姓名”列中 C2：C19 时需要选择“粘贴为数值(V)”，如果不这么做，如所有学生的数据信息(处于 N 列至 Q 列，表示为 N：Q)删掉后，C2：C19 中的内容将会变为“#REF!”错误提示。

Remark3：如果输入公式后按下回车键 Enter，未显示 VLOOKUP 函数的返回值，仍然显示公式本身，说明单元格的格式为“文本”，需要更改为“常规”，更改方法为选中整个 B 列，然后点击“开始”，选择“格式”选择框中“常规”即可，如图 4.13 所示。

Remark4：在输入公式时，函数名称、参数可以全部为大写字母，可以全部为小写字母，也可以大小写混合，例如输入＝Vlookup(a2，N：Q，2，0)或＝vlookup(A2，N：Q，2，0)又或＝VLOOKUP(A3，N：Q，2，0)的效果是一样的。

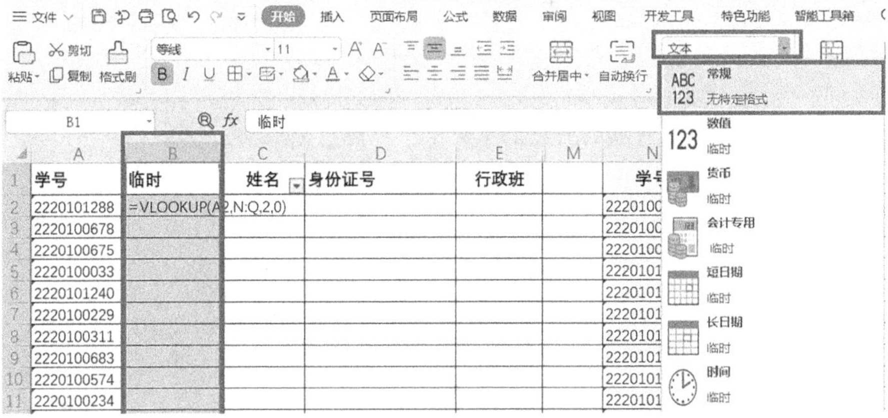
文件
开始
插入
页面布局
公式
数据
审阅
视图
开发工具
特色功能
智能工具箱
剪切
粘贴
复制
格式刷
合并居中
自动换行
文本
常规
无特定格式
数值
货币
会计专用
短日期
长日期
时间
B1
临时
学号
临时
姓名
身份证号
行政班
=VLOOKUP(A2,N:Q,2,0)
2220101288
2220100678
2220100675
2220100033
2220101240
2220100229
2220100311
2220100683
2220100574
2220100234

图 4.13

再来用另外一种表达方式学习和巩固一下 VLOOKUP 函数的语法：VLOOKUP(lookup_value，table_array，col_index_num，[range_lookup])

Lookup_value 为需要在数据表第一列中进行查找的数值。Lookup_value 可以为数值、引用或文本字符串。

Table_array 为需要在其中查找数据的数据表。使用对单元格区域或区域名称的引用。

col_index_num 为匹配到对应值后返回 table_array 中的数据列序号，该数值应为大于等于 1，范围不能超过 table_array 的列总数，如 N：Q 的列总数为 4，col_index_num 为

1 时，返回 table_array 第一列的数值，col_index_num 为 2 时，返回 table_array 第二列的数值，以此类推。如果 col_index_num 大于 table_array 的列数，函数 VLOOKUP 返回错误值＃REF!。

Range_lookup 为一逻辑值，指明函数 VLOOKUP 查找时是精确匹配还是近似匹配。如果为 FALSE 或 0，则返回精确匹配；如果找不到，则返回错误值＃N/A。如果 range_lookup 为 TRUE 或 1，函数 VLOOKUP 将查找近似匹配值，也就是说，如果找不到精确匹配值，则返回小于 lookup_value 的最大数值。如果 range_lookup 省略，则默认为 1。

105. 使用 VLOOKUP 函数公式出现"＃N/A"是什么原因?

当使用 VLOOKUP 函数进行查找时，有可能会返回显示"＃N/A"，＃N/A 全称是 Not Applicable，翻译为不适用，在 Excel 当中往往表示没有可用数值，在 VLOOKUP 函数中可以认为函数没有找到匹配值。其出现的原因有以下 4 种情况：

(1) 匹配表无对应值

这种情况也是最常见的情况，就是匹配表中并无对应的值，VLOOKUP 找不到对应的项，只能返回显示"＃N/A"。

如图 4.14 所示，通过 VLOOKUP 函数在区域 A、B 列中查找"关羽"的成绩，但是 A 列并无"关羽"此人，函数自然无法返回显示结果。

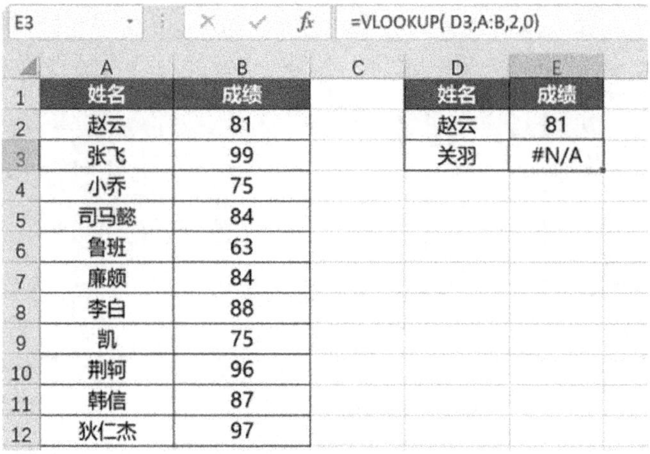

E3 =VLOOKUP(D3,A:B,2,0)

	A	B	C	D	E
1	姓名	成绩		姓名	成绩
2	赵云	81		赵云	81
3	张飞	99		关羽	#N/A
4	小乔	75			
5	司马懿	84			
6	鲁班	63			
7	廉颇	84			
8	李白	88			
9	凯	75			
10	荆轲	96			
11	韩信	87			
12	狄仁杰	97			

图 4.14

(2) 引用区域出错

引用区域出错往往是因为参数 2"搜索区域"使用的是相对引用，公式下拉之后引用区域发生了变化，导致数据匹配不上。

如图 4.15 所示，我们在 E2 单元格输入公式＝VLOOKUP(D2，A2：B12，2，0)，公式没有任何问题，函数返回正确值，匹配到了"小乔"的成绩，但是当公式下拉的时候，变成了＝VLOOKUP(D3，A3：B13，2，0)。可以发现引用区域也向下移动了一行，搜索区域发生了变化，"赵云"在原表中的第 2 行，而匹配区域却从第 3 行开始，自然匹配不上正确的数值。

图 4.15

所以我们在输入 VLOOKUP 函数参数 2"搜索区域"的时候一定要确保区域的绝对性，必须引用整列或者使用绝对引用，如图 4.16 所示，这样公式在下拉的时候，引用区域不会随着单元格的变化而变化。

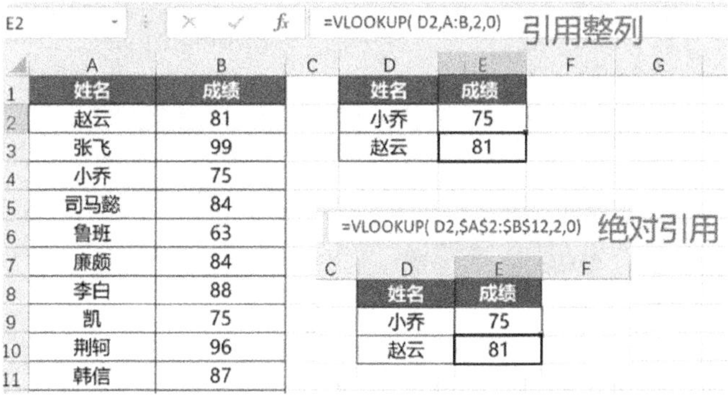

图 4.16

（3）存在空白符、分隔符

第三种情况，表格中"好像"存在匹配数据，且公式书写正确，但还是无法返回正确值，如图 4.17 所示。

这时我们可以用一个公式＝IF（A2＝D3，"相等"，"不相等"）来判断两个单元格的内容是否一致，如相等即返回"相等"，不相等则返回"不相等"。

任意单元格输入公式＝IF（A2＝D3，"相等"，"不相等"），结果返回"不相等"，说明两个单元格看着都是"赵云"，实际却并不一样，由此判断出单元格 A2 或 D3 中存在 1 个或多个肉眼不可见的空格（或者叫空白字符），用查找替换功能删除空格（适用于表格中有很多空格的情况）或者直接删除空格即可。

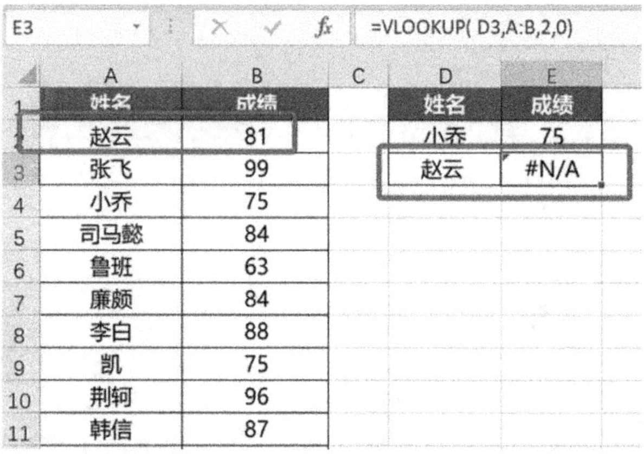

E3 =VLOOKUP(D3,A:B,2,0)

	A	B	C	D	E
1	姓名	成绩		姓名	成绩
2	赵云	81		小乔	75
3	张飞	99		赵云	#N/A
4	小乔	75			
5	司马懿	84			
6	鲁班	63			
7	廉颇	84			
8	李白	88			
9	凯	75			
10	荆轲	96			
11	韩信	87			

图 4.17

(4) 数字格式差异

数字格式差异的问题较为少见,往往出现在数字匹配的时候,如图 4.18 所示,可以发现搜索区域的“123”是文本格式,而后面查找区域的“123”是常规格式,格式不统一,也无法返回正确结果。

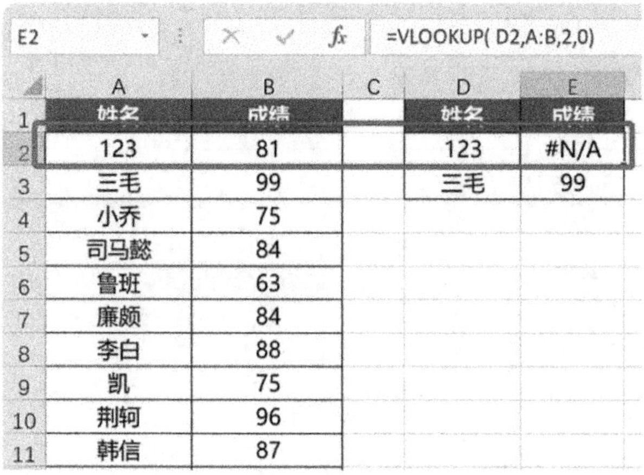

E2 =VLOOKUP(D2,A:B,2,0)

	A	B	C	D	E
1	姓名	成绩		姓名	成绩
2	123	81		123	#N/A
3	三毛	99		三毛	99
4	小乔	75			
5	司马懿	84			
6	鲁班	63			
7	廉颇	84			
8	李白	88			
9	凯	75			
10	荆轲	96			
11	韩信	87			

图 4.18

这种情况要么将搜索区域 A 列的文本转换为数字格式,要么将 D 列的数字转换成文本格式,保持前后格式统一即可。

Remark:一是确保引用区域的绝对性,也可以引用整列;二是确保数据的规范性,剔除不可见字符带来的影响;三是保证文本格式的统一性。

106. 如何屏蔽 VLOOKUP 函数的“#N/A”错误?

上一节中,我们学习了使用 VLOOKUP 函数出现“#N/A”错误的几种原因,那么如何屏蔽“#N/A”错误,使其不显示呢?

第一种方法：使用 IFERROR 函数。

IFERROR 的函数语法是 IFERROR(值,错误返回值),如果要判断的值包括错误(♯N/A、♯REF!、♯DIV/0!、♯NUM!、♯NAME? 或♯NULL!),则返回错误返回值,否则返回判断值本身。

将 IFERROR 函数与 VLOOKUP 函数配合使用,例如＝IFERROR(VLOOKUP(E2,A:B,2,0),""),意思是判断 VLOOKUP 函数的返回值,如果包括错误,就返回为空值。

第二种方法：使用 ISNA 函数。

ISNA 的函数语法格式是 ISNA(值,错误返回值),先使用 VLOOKUP 函数作匹配操作,然后在其后一列中使用 ISNA 函数,例如＝IFNA(F2,""),意思是判断 VLOOKUP 函数的返回值,如果为♯N/A,就返回为空值。

Remark：IFERROR 和 ISNA 同属于判断函数,与其相似的还有 ISBLANK(判断是否为空白单元格)、ISERR(判断除♯N/A 之外的任意错误值)、ISEVEN(判断是否为偶数)、ISODD(判断是否为奇数)、ISLOGICAL(判断是否为逻辑值)、ISNUMBER(判断是否为数字)、ISTEXT(判断是否为文本)。

107. 如何提取身份证号中的籍贯、性别、生日并计算年龄?

我国居民的身份证号码中包含了多种信息,以 410425199011178997 为例,具体编码规则为：

①第 1～6 位 410425 为行政区划代码,41 是省代码、04 是市代码、25 是区县代码。

②第 7～14 位 19901117 表示出生年月日,采用 YYYYMMDD 格式。

③第 15～17 位 899 为顺序码,表示在同一地址码所标识的区域范围内,对同年、同月、同日出生的人编定的顺序号,其中第 17 位奇数分配给男性,偶数分配给女性。

④最后 1 位 7 为校验码,采用 ISO 7064:1983,MOD 11－2 校验码系统,用来检验身份证的正确性,值是 0～10,其中 10 用 X 表示。

Remark：Excel 单元格要输入身份证号,需先将单元格格式改为文本格式,或是在身份证号前加一个英文单引号"'",否则身份证号将会显示为科学计数法数字。

通过上述身份证号编码规则,可以通过 Excel 提取出相应信息,如图 4.19 所示,具体操作如下。

(1) 获得籍贯

在 C2 单元格先输入"32",即"刘备"身份证号的前 2 位(代表省份或直辖市名称),再按回车键 Enter,然后按组合键 Ctrl＋E,此时"省(直辖市)代码"中将自动填充省(直辖市)代码,如图 4.20 所示。

Remark：快捷键 Ctrl＋E 的作用就是快速填充,而输入"32"相当于给快速填充设立了一个模板。在日常工作中,如果在第 1 个人员的身份证号码中包含 2 个"32",可能会让 Ctrl＋E 得到的结果并非我们想要的,可通过输入多个模板的方法来避免 Ctrl＋E 误判,例如在 C3 中输入第 2 个人员的身份证号码前 2 位"32",在 C4 中输入第 3 个人员的身份

	姓名	身份证号	省（直辖市）代码	地区代码	性别	出生日期	年龄
	A	B	C	D	E	F	G
1	姓名	身份证号	省（直辖市）代码	地区代码	性别	出生日期	年龄
2	刘备	321284198810293838					
3	关羽	321182199002021013					
4	张飞	32118319891224551X					
5	赵云	320281198809202273					
6	马超	130100198809150025					
7	黄忠	330226198812192886					
8	孙策	321081198806290327					
9	周瑜	410425198908028149					

图 4.19

姓名	身份证号	省（直辖市）代码	地区代码	性别	出生日期	年龄
刘备	321183198810293838	32				
关羽	321182199002021013	32				
张飞	32118319891224551X	32				
赵云	320281198809202273	32				
马超	130100198809150025	13				
黄忠	330226198812192886	33				
孙策	321081198806290327	32				
周瑜	410425 198908028149	41				

图 4.20

证号码前 2 位"32"。

在 D2 单元格先输入"321183"，即"刘备"身份证号的前 6 位，然后按回车键 Enter，紧接着按组合键 Ctrl＋E，此时"地区代码"中已自动填充完毕地区代码，如图 4.21 所示。

姓名	身份证号	省（直辖市）代码	地区代码	性别	出生日期	年龄
刘备	321183198810293838	32	321183			
关羽	321182199002021013	32	321182			
张飞	32118319891224551X	32	321183			
赵云	320281198809202273	32	320281			
马超	130100198809150025	13	130100			
黄忠	330226198812192886	33	330226			
孙策	321081198806290327	32	321081			
周瑜	410425198908028149	41	410425			

图 4.21

从浏览器中搜索并下载"省（直辖市）代码表"和"全国行政区域代码表"，用 VLOOK-UP 函数完成匹配，组合后得到籍贯，操作方法如下：

为便于演示，我们先将"性别""出生日期""年龄"3 个字段进行隐藏操作，同时在隐藏字段的后面加上临时字段"省份"和"地区"，并添加正式字段"籍贯"，另外将"省（直辖市）代码表"和"全国行政区域代码表"复制粘贴至表中，如图 4.22 所示。

身份证号	省（直辖市）代码	地区代码	省份	地区	籍贯	代码1	省（直辖市）	代码2	地区
321183198810293838	32	321183				11	北京市	110000	北京市
321182199002021013	32	321182				12	天津市	110101	东城区
32118319891224551X	32	321183				13	河北省	110102	西城区
320281198809202273	32	320281				14	山西省	110105	朝阳区
130100198809150025	13	130100				15	内蒙古自治区	110106	丰台区
330226198812192886	33	330226				21	辽宁省	110108	海淀区
321081198806290327	32	321081				22	吉林省	110109	门头沟区
410425198908028149	41	410425				23	黑龙江省	110111	房山区
						31	上海市	110112	通州区
						32	江苏省	110113	顺义区
						33	浙江省	110114	昌平区
						34	安徽省	110115	大兴区
						35	福建省	110116	怀柔区
						36	江西省	110117	平谷区
						37	山东省	110118	密云区
						41	河南省		

图 4.22

在单元格 H2 中输入＝VLOOKUP(C2,L:M,2,0)，回车后得到"32"匹配到的省份，如图 4.23 所示，然后将鼠标光标放置于 H2 单元格的右下角，待光标变为实心十字"➕"后（样式如 江苏省 ），双击鼠标左键，批量匹配到省份或直辖市，如图 4.24 所示。

=VLOOKUP(C2, L:M, 2, 0)

身份证号	省（直辖市）代码	地区代码	省份	地区	籍贯	代码1	省（直辖市）
321183198810293838	32	321183	江苏省			11	北京市
321182199002021013	32	321182				12	天津市
32118319891224551X	32	321183				13	河北省
320281198809202273	32	320281				14	山西省

图 4.23

身份证号	省（直辖市）代码	地区代码	省份	地区	籍贯
321183198810293838	32	321183	江苏省		
321182199002021013	32	321182	江苏省		
32118319891224551X	32	321183	江苏省		
320281198809202273	32	320281	江苏省		
130100198809150025	13	130100	河北省		
330226198812192886	33	330226	浙江省		
321081198806290327	32	321081	江苏省		
410425198908028149	41	410425	河南省		

图 4.24

以上用到的 VLOOKUP 函数，其语法是 VLOOKUP(查找值，查找范围，返回查找范围中的第几列，是否需要精确匹配)，如同大海捞针，第一个参数是"针"，第二个参数是"海"。公式 VLOOKUP(C2,L:M,2,0)表示在 L:M 的范围内查找 C2，如果找到就返回 L:M 中的第 2 列（第三个参数中的"2"已指定），采用精确匹配的方式（第四个参数中的

"0"已指定,如果无需精确匹配,第四个参数设置为"1")。

Remark:在日常工作中,VLOOKUP 函数在 Excel 中是最常用的函数,没有之一,读者如对以上的讲解不理解,可结合网络搜寻该函数的语法及用法。

在单元格 I2 中输入=VLOOKUP(D2,N:O,2,0),回车后匹配到地区代码"321183"对应的地区,见图 4.25,然后将鼠标光标放置于 I2 单元格的右下角,待光标变为实心十字"╋"后,双击鼠标左键,批量匹配到地区,如图 4.26 所示。

| fx | =VLOOKUP(D2,N:O,2,0) | | | | | | | | | |

B	C	D	H	I	J	K	L	M	N	O
份证号	省(直辖市)代码	地区代码	省份	地区	籍贯		代码1	省(直辖市)	代码2	地区
98810293838	32	321183	江苏省	句容市			11	北京市	110000	北京市
99002021013	32	321182	江苏省				12	天津市	110101	东城区
9891224551X	32	321183	江苏省				13	河北省	110102	西城区
98809202273	32	320281	江苏省				14	山西省	110105	朝阳区
98809150025	13	130100	河北省				15	内蒙古自治区	110106	丰台区
98812192886	33	330226	浙江省				21	辽宁省	110107	石景山区
98806290327	32	321081	江苏省				22	吉林省	110108	海淀区
98908028149	41	410425	河南省				23	黑龙江省	110109	门头沟区
							31	上海市	110111	房山区
							32	江苏省	110112	通州区

图 4.25

D	H	I	J	K	L	M	N	O
地区代码	省份	地区	籍贯		代码1	省(直辖市)	代码2	地区
321183	江苏省	句容市			11	北京市	110000	北京市
321182	江苏省	扬中市			12	天津市	110101	东城区
321183	江苏省	句容市			13	河北省	110102	西城区
320281	江苏省	江阴市			14	山西省	110105	朝阳区
130100	河北省	石家庄市			15	内蒙古自治区	110106	丰台区
330226	浙江省	宁海县			21	辽宁省	110107	石景山区
321081	江苏省	仪征市			22	吉林省	110108	海淀区
410425	河南省	郏县			23	黑龙江省	110109	门头沟区
					31	上海市	110111	房山区
					32	江苏省	110112	通州区

图 4.26

由于籍贯是省份+地区,所以我们可以在"籍贯"列的 J2 单元格中,输入公式=H2&I2,如图 4.27 所示,得到籍贯,公式中的"&"是拼接符号,表示将 H2 和 I2 进行拼接,最终得到"江苏省句容市"。

C	D	H	I	J	K
省(直辖市)代码	地区代码	省份	地区	籍贯	
32	321183	江苏省	句容市	=H2&I2	

图 4.27

将鼠标光标放置于 J2 单元格的右下角,待光标变为实心十字"➕"后,双击鼠标左键,批量得到所有人的籍贯,如图 4.28 所示。

	姓名	身份证号	省(直辖市)代码	地区代码	省份	地区	籍贯
1	姓名	身份证号	省(直辖市)代码	地区代码	省份	地区	籍贯
2	刘备	321183198810293838	32	321183	江苏省	句容市	江苏省句容市
3	关羽	321182199002021013	32	321182	江苏省	扬中市	江苏省扬中市
4	张飞	32118319891224551X	32	321183	江苏省	句容市	江苏省句容市
5	赵云	320281198809202273	32	320281	江苏省	江阴市	江苏省江阴市
6	马超	130100198809150025	13	130100	河北省	石家庄市	河北省石家庄市
7	黄忠	330226198812192886	33	330226	浙江省	宁海县	浙江省宁海县
8	孙策	321081198806290327	32	321081	江苏省	仪征市	江苏省仪征市
9	周瑜	410425198908028149	41	410425	河南省	郏县	河南省郏县

图 4.28

最后一步,在保持 J2:J9 被选中的情况下,按快捷键 Ctrl＋C,然后将鼠标放置在 J2 单元格中,右键选择"粘贴为数值(V)",如图 4.29 所示,完成获得籍贯的整个操作。

地区代码	省份	地区	籍贯
321183	江苏省	句容市	江苏省句容市
321182	江苏省	扬中市	江苏省扬
321183	江苏省	句容市	江苏省句容市
320281	江苏省	江阴市	江苏省江
130100	河北省	石家庄市	河北省石
330226	浙江省	宁海县	浙江省宁
321081	江苏省	仪征市	江苏省仪
410425	河南省	郏县	河南省郏

复制(C) ⌃ Ctrl+C
剪切(T) Ctrl+X
粘贴(P) Ctrl+V
粘贴为数值(V) Ctrl+Shift+V
选择性粘贴(S)
插入复制单元格(E)
删除(D)
清除内容(N)
批量处理单元格(P)

图 4.29

Remark:为什么要还要进行"粘贴为数值(V)"操作? 原因是在此之前的单元格中都含有公式,而临时字段"省份"和"地区"最终也要删掉,"省(直辖市)代码表"和"全国行政区域代码表"作为临时数据,最终也应删掉,临时字段和数据删掉后,如果 J2:J9 含有公式的话,因为失去了依托,内容将会变为"♯REF!"错误提示,但如果有了"粘贴为数值(V)"的操作,将不会有错误发生。

(2) 性别

E2 单元格输入＝IF(MOD(MID(B2,17,1),2),"男","女"),如图 4.30 所示。

	E2	fx	=IF(MOD(MID(B2, 17, 1), 2), "男", "女")	

	A	B	C	D	E
1	姓名	身份证号	省(直辖市)代码	地区代码	性别
2	刘备	321183198810293838	32	321183	男
3	关羽	321182199002021013	32	321182	

图 4.30

此处用到了 3 个函数,分别是:

①MID 函数(从中间取值函数)。函数语法:MID(值,第几位开始,取几位)。"(MID(B2,17,1)"表示从 B2 单元格值第 17 位开始取值,取 1 位。

②MOD 函数(求余函数)。函数语法:MOD(值,与值相除的数)。"(MOD(MID(B2,17,1),2)"中,"(MID(B2,17,1)"表示从 B2 单元格值第 17 位开始取值,取 1 位,然后将 MID 函数得到的数值作为 MOD 函数的第一个参数,求该值和 2 做除法运算后的余数。之所以要这么做,是因为前面我们已经讲过,身份证的第 17 位表示性别,奇数为男性,偶数为女性。

③IF 函数(条件判断函数)。函数语法:IF(条件,如满足返回的数值,如不满足返回的数值)。如果有余数,表示是奇数,则返回值"男",否则返回值"女"。

利用公式得到第一个人员的性别后,将鼠标光标放置于 E2 单元格的右下角,待光标变为实心十字"➕"后,双击鼠标左键,批量得到所有人的性别。

Remark:Excel 中的公式可能会很长,涉及多个函数,不要害怕,一步步地分解,分解的方法和数学中的公式分解相似,先看内部的括号,然后逐渐向外扩展。例如＝IF(MOD(MID(B2,17,1),2),"男","女"),先看 MID 函数,然后看 MOD 函数,最后看 IF 函数。

(3)出生年月

F2 单元格输入＝TEXT(MID(B2,7,8),"0－00－00"),如图 4.31 所示。

	F2	⊕ fx	=TEXT(MID(B2,7,8),"0-00-00")			
	A	B	C	D	E	F
1	姓名	身份证号	省（直辖市）代码	地区代码	性别	出生日期
2	刘备	321183198810293838	32	321183	男	1988-10-29
3	关羽	3211821990202021013	32	321182	男	

图 4.31

此处用到了 2 个函数,分别是:

①MID 函数(从中间取值函数)。"MID(B2,7,8)"表示从 B2 单元格值第 7 位开始取值,取 8 位。

②TEXT 函数(格式转换函数)。函数语法:TEXT(值,转化的格式)。公式 TEXT(MID(B2,7,8),"0－00－00")先计算 MID(B2,7,8),然后将 MID 函数获取到的数值 19881029 转换成标准的日期格式 1988－10－29。

得到第一个人员的出生日期后,将鼠标光标放置于 F2 单元格的右下角,待光标变为实心十字"➕"后,双击鼠标左键,批量得到所有人的出生日期。

(4)年龄

G2 单元格输入＝DATEDIF(F2,TODAY(),"Y"),得到第一个人员的年龄,如图 4.32 所示。

图 4.32

此处用到了 2 个函数,分别是:

①TODAY 函数(当前日期函数)。函数语法:TODAY(),获取当前日期。

②DATEDIF 函数(日期比较函数)。函数语法:DATEDIF(日期 1,日期 2,比较方式)。DATEDIF(F2,TODAY(),"Y")就是将 F2 的日期与当前日期比较,计算年数差,也就是年龄。

Remark:"Y"表示计算年数差,若改为"M"表示计算月数差,改为"D"表示计算天数差。

通过公式得到第一个人的年龄后,将鼠标光标放置于 G2 单元格的右下角,待光标变为实心十字"✚"后,双击鼠标左键,批量得到所有人的年龄。

108. 如何根据成绩得到总分、平均分、排名、获奖等级?

如图 4.33 所示,要根据总分将成绩表的排名列出来,怎样操作?

图 4.33

(1) 得到总分

先选中单元格区域 D2:G18,如图 4.34 所示,然后按下快捷键 Alt+=,此时"总分"列即计算好总成绩,如图 4.35 所示。

语文	数学	外语	总分
78	87	92	
72	98	71	
99	77	83	
86	89	62	
85	92	89	
100	51	70	
86	79	77	
57	71	97	
79	81	93	
53	55	83	
85	64	65	
96	77	77	
61	83	88	
75	76	98	
92	55	50	
96	92	61	
82	75	86	

图 4.34

语文	数学	外语	总分
78	87	92	257
72	98	71	241
99	77	83	259
86	89	62	237
85	92	89	266
100	51	70	221
86	79	77	242
57	71	97	225
79	81	93	253
53	55	83	191
85	64	65	214
96	77	77	250
61	83	88	232
75	76	98	249
92	55	50	197
96	92	61	249
82	75	86	243

图 4.35

（2）得到平均值

由于是总成绩是由 3 门课程组成，用总分除以课程门数 3 即可。在单元格 H2 中输入＝G2/3 后回车，得到"太史慈"同学的平均分，如图 4.36 所示。

	H2		f_x		=G2/3				
	A	B	C	D	E	F	G	H	I	J
1	学号	姓名	班级	语文	数学	外语	总分	平均分	排名	等级
2	2220101708	太史慈	保险1251	78	87	92	257	85.6667		
3	2220101731	魏延	保险1251	72	98	71	241			

图 4.36

如果想让平均分保留小数点后 2 位，可以使用 round 函数，其语法是 round（数值，小数点位数）。在单元格 H2 中输入＝ROUND(G2/3,2)后按回车键，如图 4.37 所示，最后将鼠标光标放置于 H2 单元格的右下角，待光标变为实心十字"➕"后，双击鼠标左键，批量得到所有同学的平均分。

	H2		f_x		=ROUND(G2/3, 2)				
	A	B	C	D	E	F	G	H	I	J
1	学号	姓名	班级	语文	数学	外语	总分	平均分	排名	等级
2	2220101708	太史慈	保险1251	78	87	92	257	85.67		
3	2220101731	魏延	保险1251	72	98	71	241			

图 4.37

（3）得到排名

得到排名用 RANK 函数（排序函数），其语法为：RANK（值，所在范围，排序方式）。

I2 单元格输入＝RANK（H2，H2：H18，0），如图 4.38 所示，公式含义为计算 H2 在 H2～H18 范围中的排名，0 为降序，1 为升序。升降序可不填写，默认为降序。

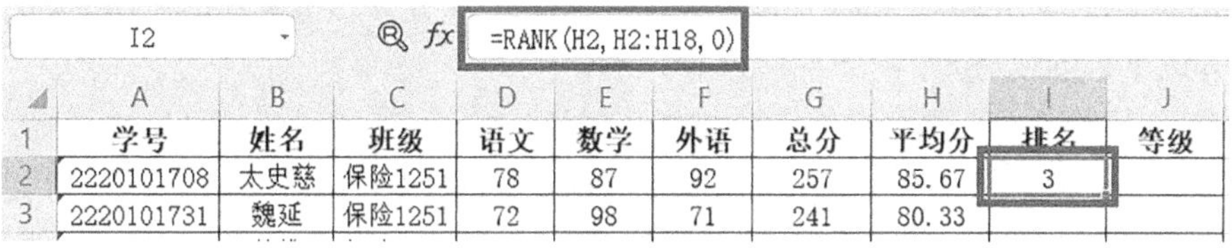

图 4.38

将该公式改为＝RANK（H2，H＄2：H＄18，0），得到 H2 在单元格范围 H2：H18 中的排名，如图 4.39 所示，将鼠标光标放置于 I2 单元格的右下角，待光标变为实心十字"**＋**"后，双击鼠标左键，批量得到所有同学的成绩排名。

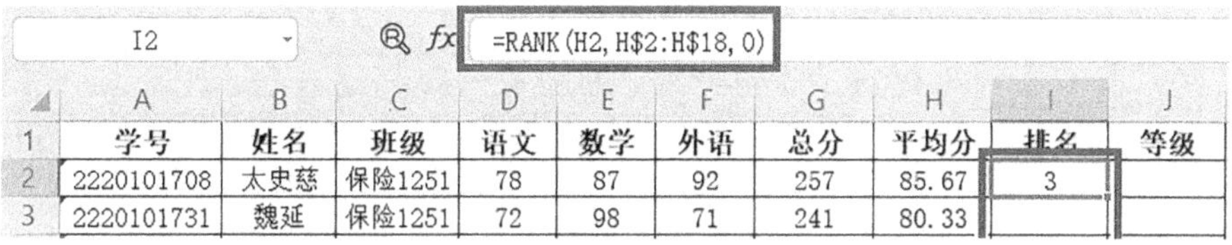

图 4.39

Remark：H＄2 是混合引用，＄是锁定行或列的符号，将＄放置在行号或列号前面，可以使单元格在向下或向右拉拽填充的时候保持单元格不变。假如放置在列号前，如 ＄H2，向右拖拽填充时，仍然保持 H2，并不会变成 I2；假如放置在行号前，如 H＄2，向下拖拽填充时，仍然保持 H2，并不会变成 H3；假如＄同时放置在列号和行号前，如＄H＄2，无论是向下拖拽填充还是向右拖拽填充，均保持 H2 不变，不会变成 I2 或 H3。

一般出现成绩并列的情况时，后续应该继续排序，而使用上述方法会使排名出现缺失，可以使用公式＝SUMPRODUCT（（H＄2：H＄18＞＝H2）/COUNTIF（H＄2：H＄18，H＄2：H＄18））。

使用公式时，只需要将 H＄2：H＄18 替换为实际排序的范围，将＞＝H2 替换为实际需要判断的单元格编号即可。

就算是相同分数，也不能排名一致，要根据 Excel 表格行自上而下的顺序，同分排前的排名就靠前，可以使用公式＝RANK（H2，H＄2：H＄18）＋COUNTIF（H＄2：H2，H2）－1，如图 4.40 所示。

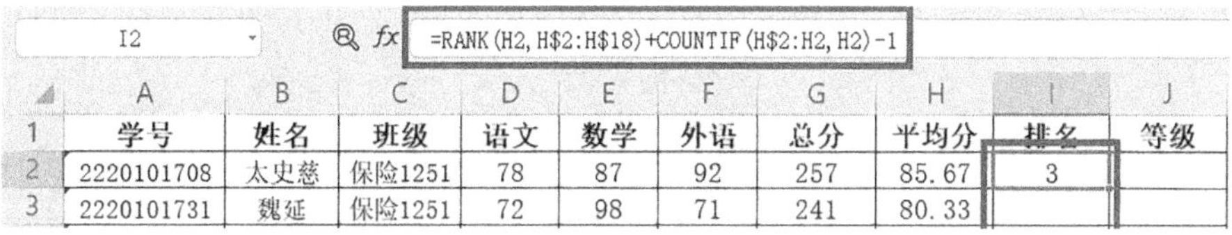

图 4.40

另外一种方法是先对 H 列进行降序排序,然后在 I 列中填充 1～17 数字(备注:H2～H18 总计是 17 位同学的平均分成绩)。

Remark:对于一些复杂的公式,不理解没关系,学会套用即可。

(4)评定获奖等级

我们设定平均分 90 分及以上为一等奖;80 分到 89 分为二等奖;70 分到 80 分为三等奖;70 分以下为继续努力。

①使用 IF 函数,J2 单元格输入公式＝IF(H2＞＝90,"一等奖",IF(H2＞＝80,"二等奖",IF(H2＞＝70,"三等奖","继续努力")))后回车,如图 4.41 所示,得到"太史慈"同学的获奖等级,将鼠标光标放置于 J2 单元格的右下角,待光标变为实心十字"➕"后,双击鼠标左键,批量得到所有同学的获奖等级。

If 函数用于判断一个条件是否满足,如果满足返回一个值,如果不满足返回另外一个值,其语法是:if(测试条件,为真时要返回的值,为假时要返回的值)。公式＝if(H2＞＝90,"一等奖","不能获得一等奖")表示判断 H2 的值,如果大于等于 90,给予一等奖,否则不能获得一等奖。

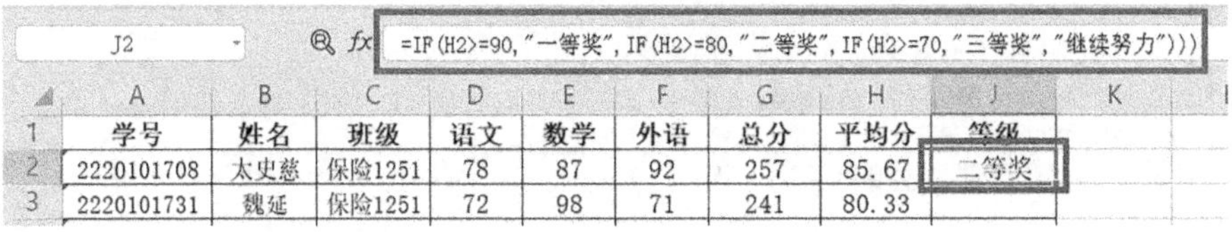

图 4.41

Remark:在公式中所有的标点符号,如大括号、逗号、双引号,在输入时都要使用英文输入模式(即英文符号),不能使用中文输入模式(即中文符号),否则会出现错误"＃NAME?"。 为中文输入模式,标记"中"字后面的句号为空心, 为英文输入模式,标记"英"字后面的句号为实心,注意其微小区别。

②使用 IFS 函数,J2 单元格输入＝IFS(H2＞＝90,"一等奖",H2＞＝80,"二等奖",H2＞＝70,"三等奖",H2＜70,"继续努力"),如图 4.42 所示,回车后得到获奖等级,将鼠标光标放置于 J2 单元格的右下角,待光标变为实心十字"➕"后,双击鼠标左键,得到所有同学的获奖等级。

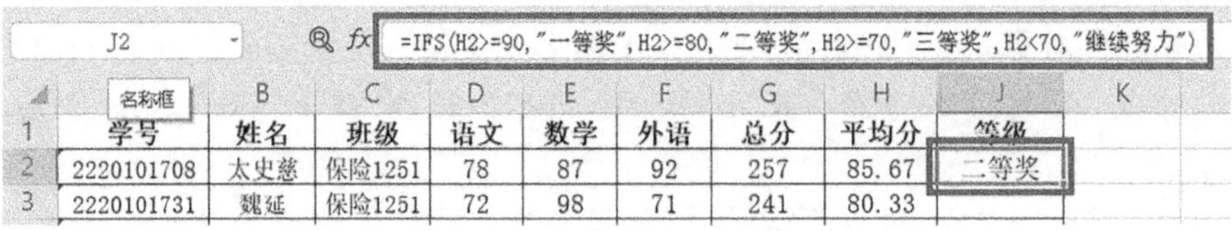

图 4.42

IFS 函数语法为:IFS(条件 1,条件 1 满足时的返回值,条件 2,条件 2 满足时的返回值,条件 3,条件 3 满足时的返回值,……)。如果 H2 大于等于 90,则显示一等奖,如果

H2 大于等于 80,则显示二等奖,如果 H3 大于等于 70,则显示三等奖……。

当条件较多时,IF 函数嵌套层数过多易出错,而使用 IFS 函数可以大大减少代码量。

Remark:微软 Office 2016 及以上版本、WPS 支持 IFS 函数。

109. 如何对数值四舍五入?

如图 4.43 所示的成绩为学生近三年体质测试成绩,均含小数点,想得到第三学年体质测试取整成绩,该怎么办?

	A	B	C	D	E	F	G	H
1	学号	姓名	第一学年体质测试成绩	第二学年体质测试成绩	第三学年体质测试成绩	第三学年取整成绩	是否合格	五级成绩
2	2220101802	小王	62.65	98.59	89.23			
3	2220101867	小李	98.45	78.9	93.27			
4	2220101947	小钟	52.65	74.09	82.7			
5	2220100033	小红	97.91	81.29	84.32			
6	2220100105	小赵	58.4	66.88	62.58			
7	2220100164	小蝶	82.32	61.83	96.68			
8	2220100231	小吴	52.91	93.38	70.45			
9	2220100233	小高	68.25	98.41	59.34			
10	2220100305	小黑	64.66	81.15	67.77			
11	2220100311	小白	62.29	82.06	68.02			
12	2220100330	小山	98.65	96.43	55.5			
13	2220100331	小水	84.99	94.02	57.24			
14	2220100352	唐僧	54.62	61.92	99.56			
15	2220100355	沙僧	79.86	54.75	96.78			

图 4.43

ROUND 函数可返回某个数值按指定位数四舍五入取整后的数值,其语法是:ROUND(数值,小数位数),如 ROUND(E2,0)中的"0"表示对 E2 取整数,ROUND(E2,1)中的"1"表示保留 1 位小数,ROUND(E2,2)中的"2"表示保留 2 位小数。

在单元格 F2 中输入=ROUND(E2,0),如图 4.44 所示,对 E2 数值进行四舍五入取整操作,得到 89。将鼠标光标放置于 F2 单元格的右下角,待光标变为实心十字"➕"后,双击鼠标左键,批量得到所有同学的第三学年体质测试取整后的成绩。

F2			fx	=ROUND(E2,0)				
	A	B	C	D	E	F	G	H
1	学号	姓名	第一学年体质测试成绩	第二学年体质测试成绩	第三学年体质测试成绩	第三学年取整成绩	是否合格	五级成绩
2	2220101802	小王	62.65	98.59	89.23	89		
3	2220101867	小李	98.45	78.9	93.27			

图 4.44

Remark:和 ROUND 函数类似的函数有 ROUNDUP 和 ROUNDDOWN。ROUNDUP 函数用于向上舍入求值,ROUNDDOWN 函数用于向下舍入求值。E2 中的数值为 89.23,公式=ROUND(E2,0),结果是 89;公式=ROUNDUP(E2,0),结果是 90;公式=

ROUNDDOWN(E2,0),结果为 89。D2 中的数值为 98.59,公式=ROUND(D2,0),结果是 99;公式=ROUNDUP(D2,0),结果是 99;公式=ROUNDDOWN(D2,0),结果为 98。

110. 若历年成绩均在 60 分及以上才认定为合格,怎样操作?

若设定第一学年、第二学年、第三学年体质测试成绩均在 60 分及以上才算合格,才能颁发合格证书,该怎样操作?

使用 AND 函数,其语法为:AND(条件 1,条件 2,条件 3,…),条件可设置 1 到多个,当所有条件均满足时,返回值为 TRUE(真),但凡有一个条件不满足,返回值为 FALSE(假)。

在单元格 G2 中输入公式=AND(C2>=60,D2>=60,E2>=60),回车后得到小王同学的结果。该公式总计判断了 3 个条件,条件 1 判断 C2(值为 62.65)是否大于等于 60,条件 2 判断 D2(值为 98.59)是否大于等于 60,条件 3 判断 E2(值为 89.23)是否大于等于 60,由于 3 个条件均大于等于 60,所以返回 TRUE。

将鼠标光标放置于 G2 单元格的右下角,待光标变为实心十字"✚"后,双击鼠标左键,批量判断所有的同学的结果。

在选中单元格范围 G2:G15 的状态下,按下复制快捷键 Ctrl+C,然后鼠标点击单元格 G2,右键选择"粘贴为数值(V)",如图 4.45 所示,此时将公式粘贴为普通格式。

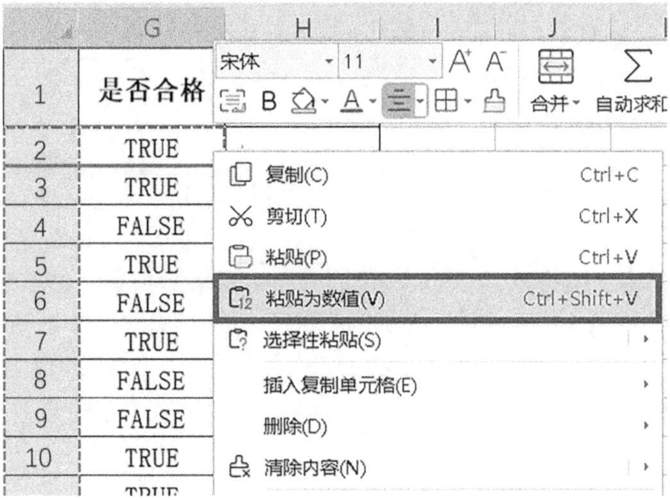

图 4.45

Remark:上一步中,"粘贴为数值(V)"即为粘贴公式得到的结果,其中的"数值"并不一定如"1、2、3"的数值,也可能是一段文字,一个字符串,甚至是公式返回的错误值。

选择单元格范围 G2:G15(当然也可以直接选中 G 列),按下替换快捷键 Ctrl+H 打开"替换"对话框,在"查找内容(N)"中输入"TRUE",在"替换为(E)"中输入"是",然后点击"全部替换(A)",如图 4.46 所示。

图 4.46

再按一次快捷键 Ctrl＋H 打开"替换"对话框,在"查找内容(N)"中输入"FALSE",在"替换为(E)"中输入"否",然后点击"全部替换(A)",如图 4.47 所示。

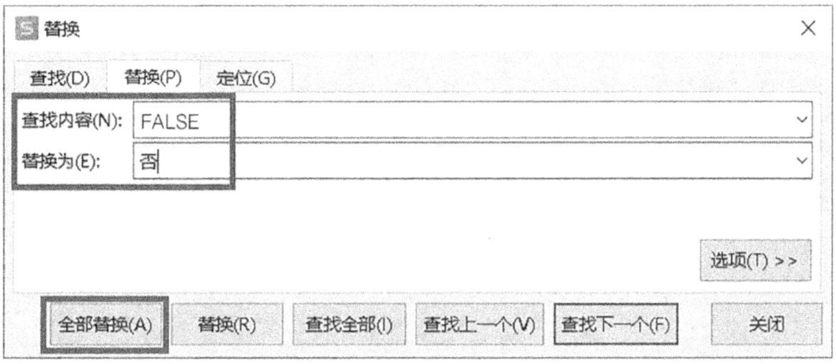

图 4.47

经过以上两次替换操作,我们想要的判断结果已经得到,如图 4.48 所示。

	A	B	C	D	E	F	G
1	学号	姓名	第一学年体质测试成绩	第二学年体质测试成绩	第三学年体质测试成绩	第三学年取整成绩	是否合格
2	2220101802	小王	62.65	98.59	89.23	89	是
3	2220101867	小李	98.45	78.9	93.27	93	是
4	2220101947	小钟	52.65	74.09	82.7	83	否
5	2220100033	小红	97.91	81.29	84.32	84	是
6	2220100105	小赵	58.4	66.88	62.58	63	否
7	2220100164	小蝶	82.32	61.83	96.68	97	是
8	2220100231	小吴	52.91	93.38	70.45	70	否
9	2220100233	小高	68.25	98.41	59.34	59	否
10	2220100305	小黑	64.66	81.15	67.77	68	是
11	2220100311	小白	62.29	82.06	68.02	68	是
12	2220100330	小山	98.65	96.43	55.5	56	否
13	2220100331	小水	84.99	94.02	57.24	57	否
14	2220100352	唐僧	54.62	61.92	99.56	100	否
15	2220100355	沙僧	79.86	54.75	96.78	97	否

图 4.48

Remark:IF 函数是判断某个条件满足,如果条件满足则返回一个值,条件不满足则返回另外一个值;AND 函数是判断多个条件,当所有条件都满足时才返回为值 TRUE(真),

否则返回为值 FALSE(假);OR 函数也是判断多个条件,多个条件中只要有一个条件满足,就返回为值 TRUE(真)。

111. 百分制成绩如何转换成五级制成绩?

在高校中,考核成绩的评定采用百分制(0～100 分)或五级制(优秀、良好、中等、及格、不及格)记分。

如果想将图 4.43 中第三学年体质测试成绩转换为五级制成绩,该如何操作呢?

对于五级制,我们约定:小于 60 分为不及格,60～69 分为及格,70～79 分为中等,80～89 分为良好,90～100 分为优秀。首先在表格右侧录入五级制划分标准,如图 4.49 所示。

	F	G	H		I	J	K
1	第三学年取整成绩	是否合格	五级成绩			分割值	等级
2	89	是				0	不及格
3	93	是				60	及格
4	83	否				70	中等
5	84	是				80	良好
6	63	否				90	优秀
7	97	是					

图 4.49

在单元格 H2 中输入公式＝LOOKUP(F2,$J$2:$K$6),此时得到 F2(值为89)对应的五级制成绩"良好",如图 4.50 所示,将鼠标光标放置于 H2 单元格的右下角,待光标变为实心十字"✚"后,双击鼠标左键,得到所有学生第三学年体质测试的五级制成绩。

H2			fx	=LOOKUP (F2, $J$2: $K$6)					
	A	B	E	F	G	H		J	K
1	学号	姓名	第三学年体质测试	第三学年取整成绩	是否合格	五级成绩		分割值	等级
2	2220101802	小王	89.23	89	是	良好		0	不及格
3	2220101867	小李	93.27	93	是			60	及格
4	2220101947	小钟	82.7	83	否			70	中等
5	2220100033	小红	84.32	84	是			80	良好
6	2220100105	小赵	62.58	63	否			90	优秀
7	2220100164	小蝶	96.68	97	是				
8	2220100231	小吴	70.45	70	否				
9	2220100233	小高	59.34	59	否				

图 4.50

LOOKUP 函数与 VLOOKUP 函数有相似之处,它们都是查找函数。LOOKUP 函数的语法是:LOOKUP(查找值,查找区域),这里的查找区域为两列,需要特别注意的是查找区域中的数值必须按升序排序,即 0、60、70、80、90,而不可以是 90、80、70、60、0,否则,函数 LOOKUP 不能返回显示正确的结果。

112. 怎样从工资明细表中快速汇总员工应发工资总金额?

员工月工资由多个项目组成,图 4.51 左侧为员工本月应发工资组成的项目明细,如何快速汇总员工应发工资总金额?

在此使用 SUMIF 函数,SUMIF 函数可对满足条件的单元格求和,其语法是:SUMIF(查找区域,查找值,求和区域)。在单元格 F2 中输入公式=SUMIF(A:C,E2,C:C),如图 4.52 所示,公式的意思是在 A 到 C 列中查找 E2,对找到后的"金额"进行求和。

将鼠标光标放置于 F2 单元格的右下角,待光标变为实心十字"➕"后,双击鼠标左键,汇总计算出几位员工的应发工资总金额。

Remark:工作中常用的求和函数有 3 个,分别是 SUM 函数,返回某一单元格区域中所有数字之和;SUMIF 函数,对满足条件的单元格求和;SUMIFS 函数,对满足多个条件的单元格求和。

	A	B	C	D	E	F
1	姓名	项目	金额		姓名	应发总工资
2	曹操	基本工资	6000		曹操	
3	袁绍	基本工资	5000		袁绍	
4	夏侯惇	基本工资	4000		夏侯惇	
5	甘宁	基本工资	5000		甘宁	
6	太史慈	基本工资	5000		太史慈	
7	曹操	绩效工资	2000			
8	袁绍	绩效工资	3000			
9	夏侯惇	绩效工资	1000			
10	甘宁	绩效工资	2500			
11	太史慈	绩效工资	600			
12	曹操	加班	500			
13	袁绍	加班	100			
14	夏侯惇	加班	300			
15	甘宁	加班	200			
16	太史慈	加班	1000			
17	曹操	全勤奖	200			
18	甘宁	全勤奖	200			
19	太史慈	全勤奖	200			
20	曹操	出差补贴	300			
21	甘宁	出差补贴	80			

图 4.51

F2 =SUMIF(A:C,E2,C:C)

	A	B	C	D	E	F
1	姓名	项目	金额		姓名	应发员工资
2	曹操	基本工资	6000		曹操	9000
3	袁绍	基本工资	5000		袁绍	
4	夏侯惇	基本工资	4000		夏侯惇	
5	甘宁	基本工资	5000		甘宁	
6	太史慈	基本工资	5000		太史慈	

图 4.52

113. 怎样快速实现表格的横向和纵向的合计?

图 4.53 为某高校 2023 年在各省招收的学生人数统计表(分专业),如何快速得到"各省招收合计"人数和"分专业合计"人数?

较原始的方法是单元格 K2 中输入公式=SUM(B2:J2)后再向下拉拽,在单元格 B2 中输入公式=SUM(B2:B10)后向右拖拽,有没有更为简单的办法?

答案是当然有,先用鼠标左键框选需要求和以及存放求和值的单元格区域,如图 4.54 所示,请注意深色部分即为框选范围。

	A	B	C	D	E	F	G	H	I	J	K
1	专业	江苏	河南	安徽	黑龙江	山西	云南	陕西	内蒙古	新疆	分专业合计
2	会计学	6	18	17	6	7	3	13	12	5	
3	审计学	13	17	10	18	19	17	15	2	12	
4	财务管理	7	2	7	17	16	7	5	19	15	
5	工商管理	10	3	11	16	8	12	16	14	19	
6	物流管理	15	15	10	8	9	12	7	12	2	
7	人力资源管理	16	19	8	9	15	4	19	4	13	
8	市场营销	16	19	2	5	2	17	2	14	18	
9	法学	12	5	18	15	9	7	2	18	3	
10	英语	2	17	6	9	4	15	2	9	4	
11	各省招生合计										

图 4.53

专业	江苏	河南	安徽	黑龙江	山西	云南	陕西	内蒙古	新疆	分专业合计
会计学	6	18	17	6	7	3	13	12	5	
审计学	13	17	10	18	19	17	15	2	12	
财务管理	7	2	7	17	16	7	5	19	15	
工商管理	10	3	11	16	8	12	16	14	19	
物流管理	15	15	10	8	9	12	7	12	2	
人力资源管理	16	19	8	9	15	4	19	4	13	
市场营销	16	19	2	5	2	17	2	14	18	
法学	12	5	18	15	9	7	2	18	3	
英语	2	17	6	9	4	15	2	9	4	
各省招生合计										

图 4.54

框选后,按下求和快捷键 Alt＋＝完成快速求和。

114. 单元格中出现的错误提示分别表示什么?

在单元格输入公式后,并未得到预期的结果,甚至会有错误提示,那么这些错误提示分别是什么意思?

（1）出现"输入公式存在错误",说明没有正确输入公式。

（2）出现"＃DIV/0!",说明公式中的被除数为 0,需改为非 0 值。

（3）出现"＃N/A",通常表示公式找不到要求查找的内容。

（4）出现"＃REF!",说明单元格引用无效。

（5）出现"＃NAME?",说明函数名称拼写有误。

（6）出现"＃NULL!",往往是因为在公式中引用单元格区域时,未加正确的区域运算符,产生了空的引用区域,如汇总计算时,原本应该输入＝sum(A2：A10),结果漏输入了冒号":",错误输入为＝sum(A2 A10)。

（7）出现"＃NUM!",说明使用了无效数值,可能情况为:

①当函数需要数字参数时,传递给函数的却是非数字参数。

②函数使用了一个无效参数,例如,公式"＝SQRT(－4)"。

③公式的返回值太大或太小,超出了 Excel 限制的范围。

（8）出现"＃VALUE!",说明公式错误,常见原因有以下四种:

①使用公式语法不正确。

②引用公式带有空字符单元格。

③运算时带有文本单元格。

④数组计算未使用正确格式。

115. 从某信息系统中导出的 Excel 文档,数值不能计算怎么办?

单元格不能计算,一般有以下两种原因:

（1）要计算的单元格中的数字为"文本"格式,非"数值"格式。

在对从信息系统导出的 Excel 文档中的某些数值进行计算时未得到预期的结果,如图 4.55 所示的求和,得到的结果是 0,显然不正确,怎么办呢?

信息系统数据库存储的数据大多以文本型格式存储,因此导出为 Excel 文档时,数值默认格式也是文本,只需要鼠标左键框选所有数据单元格,点击左上角" ⚠ ▾ "图标,在弹出菜单中选择"转化为数字(C)"即可正确计算,如图 4.56 所示。

Remark:在进行计算前,一定要注意需要计算的单元格左上角是否有绿色角标,如果有说明是文本格式,必须转化成数字格式,否则数值计算时一定会出错。

（2）如在单元格 E15 中输入求和公式后,未得到预期的求和结果,而是显示公式本身,如图 4.57 所示,说明单元格 E15 的格式为"文本",将单元格格式调整为"常规"即可,方法是选中单元格 E15,然后在单元格格式选择下拉框中选择"常规",紧接着去掉原公式最后面的右括号,如图 4.58 所示,再次添加右括号后按下 Enter 键,相当于发送给 Excel 一个刷新命令,此时求和公式已正常。

	A	B	C	D	E
					=SUM(E2:E14)
1	学号	姓名	课程代码	课程名称	成绩
2	3320190137	唐僧	310054C	军事理论	91
3	3320190538	沙僧	310054C	军事理论	94
4	3320200619	观音菩萨	310054C	军事理论	88
5	3320201576	玉皇大帝	310054C	军事理论	24
6	3320200011	如来佛祖	310054C	军事理论	100
7	3320201741	高老头	310054C	军事理论	90
8	3320210141	猪八戒	310054C	军事理论	94
9	3320210142	蜘蛛精	310054C	军事理论	97
10	3320210143	小白龙	310054C	军事理论	89
11	3320210144	哪吒三太子	310054C	军事理论	96
12	3320210145	牛魔王	310054C	军事理论	96
13	3320210146	大鹏金翅	310054C	军事理论	95
14	3320210191	孙悟空	310054C	军事理论	96
15					0
16					

图 4.55

	A	B	C	D	E
1	学号	姓名	课程代码	课程名称	成绩
2	3320190137	唐僧	310054C	军事理	91
3	3320190538	沙僧	310054C	军事理	
4	3320200619	观音菩萨	310054C	军事理	
5	3320201576	玉皇大帝	310054C	军事理	
6	3320200011	如来佛祖	310054C	军事理	
7	3320201741	高老头	310054C	军事理	
8	3320210141	猪八戒	310054C	军事理	
9	3320210142	蜘蛛精	310054C	军事理论	97
10	3320210143	小白龙	310054C	军事理论	89
11	3320210144	哪吒三太子	310054C	军事理论	96
12	3320210145	牛魔王	310054C	军事理论	96
13	3320210146	大鹏金翅	310054C	军事理论	95
14	3320210191	孙悟空	310054C	军事理论	96
15					0

该数字是文本类型,可能导致计算结果出错!
转换为数字(C)
忽略错误(I)
在编辑栏中编辑(F)
错误检查选项(O)...

图 4.56

	A	B	C	D	E
1	学号	姓名	课程代码	课程名称	成绩
2	3320190137	唐僧	310054C	军事理论	91
3	3320190538	沙僧	310054C	军事理论	94
4	3320200619	观音菩萨	310054C	军事理论	88
5	3320201576	玉皇大帝	310054C	军事理论	24
6	3320200011	如来佛祖	310054C	军事理论	100
7	3320201741	高老头	310054C	军事理论	90
8	3320210141	猪八戒	310054C	军事理论	94
9	3320210142	蜘蛛精	310054C	军事理论	97
10	3320210143	小白龙	310054C	军事理论	89
11	3320210144	哪吒三太子	310054C	军事理论	96
12	3320210145	牛魔王	310054C	军事理论	96
13	3320210146	大鹏金翅	310054C	军事理论	95
14	3320210191	孙悟空	310054C	军事理论	96
15					=sum(e2:e14)
16					

图 4.57

图 4.58

116. 怎样限定单元格输入范围,避免输入的内容乱七八糟?

有时我们设计了一个表格,让学生填写信息,但学生可能会将其填写得乱七八糟,如图4.59 所示的表格,表格字段"年级"可能会被2020 级的学生填写为"20 级""2020 级""2020"等,而字段"院系"可能会被"国际经贸系"的学生填写为"经贸""国贸系""国际经贸""经贸系""国际经贸系"等,那么如何限定单元格输入范围,避免输入内容不统一呢?

可以使用 WPS 的"数据有效性"功能(在微软 Office Excel 中叫"数据验证"),步骤如下:

	A	B	C
1	姓名	年级	院系
2			
3			
4			
5			
6			
7			
8			
9			
10			

图 4.59

首先将允许学生选择的有效性范围一一列出，如图 4.60 所示。

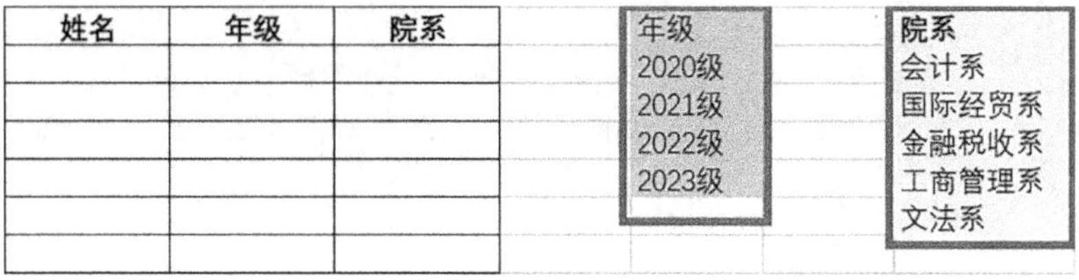
姓名
年级
院系
年级
2020级
2021级
2022级
2023级
院系
会计系
国际经贸系
金融税收系
工商管理系
文法系

图 4.60

然后选择图 4.59 中的字段“年级”所在的 B 列，依次点击“数据”-“有效性”-“有效性(V)”打开“数据有效性”对话框，路径如图 4.61 所示，“数据有效性”对话框如图 4.62 所示。

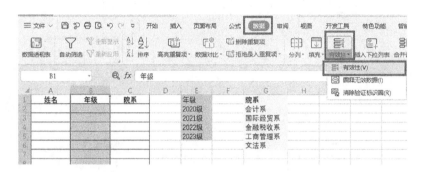

数据
有效性(V)
B1
年级
姓名
年级
院系
2020级
2021级
2022级
2023级
会计系
国际经贸系
金融税收系
工商管理系
文法系

图 4.61

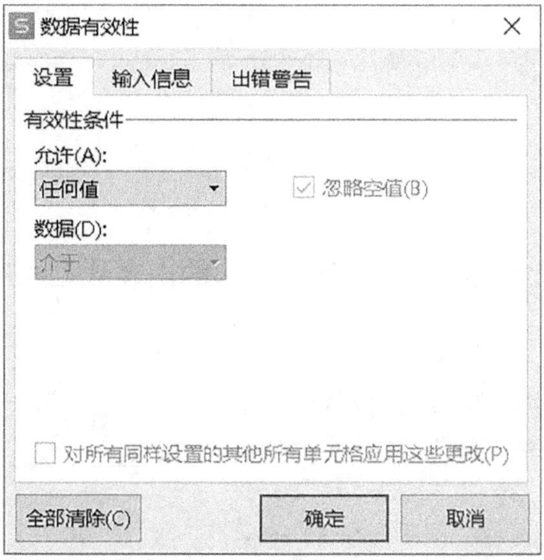
数据有效性
设置
输入信息
出错警告
有效性条件
允许(A):
任何值
忽略空值(B)
数据(D):
介于
对所有同样设置的其他所有单元格应用这些更改(P)
全部清除(C)
确定
取消

图 4.62

在“数据有效性”对话框中，先将“有效性条件”中的“允许(A)”选项由“任何值”改为“序列”，再点击“来源(S)”右侧的小图标，如图 4.63 所示，此时弹出“数据有效性”来源对话框，如图 4.64 所示。

图 4.63

图 4.64

鼠标拖拽选择 E2:E5 后,"数据有效性"来源的输入框中就会显示"=＄E＄2:＄E＄5",如图 4.65 所示,之后点击"×"按钮关闭"数据有效性"来源对话框,同时会返回"数据有效性"对话框。

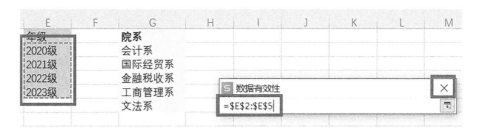

图 4.65

在"数据有效性"对话框中,点击"确认"按钮关闭对话框,此时会发现,B 列的所有单元格均显示一个数据下拉选择框,如图 4.66 所示。点击该选择框,显示"2020 级""2021 级""2022 级"和"2023 级"四个选项,如图 4.67 所示,当学生输入其他数值时,将显示"您输入的内容,不符合限制条件"的错误提示,如图 4.68 所示。

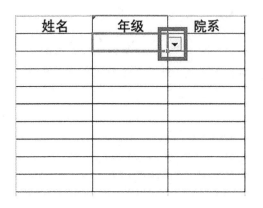

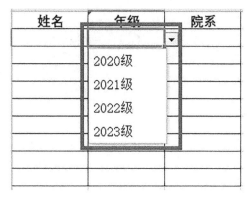

图 4.66   图 4.67

图 4.68

字段"院系"的有效性设置方法与上面介绍的方法相同,请读者自行练习。

Remark1:在设置"有效性"序列限定值时,上面介绍的是拖拽选择法,也可以使用直接录入法,即在"来源(S)"录入框中直接输入"2020 级,2021 级,2022 级,2023 级"(请特别注意各个年级之间使用的是英文逗号","),如图 4.69 所示。

Remark2:如需取消"数据有效性",不再限定用户必须输入规定的数值,可先选择设置有"数据有效性"的单元格区域,然后点击"数据"-"有效性"-"有效性(V)"打开"数据有效性"对话框,将"允许(A)"中的"序列"改为"任何值"即可。

图 4.69

117. 长表格如何始终显示表头和列头?

对于长表格,如果继续向下滑动表格,表头会隐藏掉,不方便判断字段是什么数据;若表格滚动条向右移动时,又不能看到哪个人对应的是哪条数据。以图 4.70 为例,有什么办法能固定表头、A 列、B 列及 C 列呢?

A	B	C	D	E	F	G	H	I	J	K	L
学号	考生号	姓名	学院	专业	专业代码	班级	性别	出生年月	办学类型	来源省	毕业中学
3320140002	17320281680400	小王	国际经贸系	国际经济与贸易	9101	国贸1751	男	19980925	民办	河南省	江阴市长泾中学
3320140004	17320201680719	小李	国际经贸系	国际经济与贸易	9101	国贸1751	男	19990813	民办	河南省	无锡市市北高级中学
3320140011	17320117670287	小钟	国际经贸系	国际经济与贸易	9101	国贸1751	男	19990214	民办	河南省	溧水区第三高级中学
3320140014	17320281680088	小红	国际经贸系	国际经济与贸易	9101	国贸1751	女	19990122	民办	河南省	江阴市青阳中学
3320140017	17320612680442	小赵	国际经贸系	国际经济与贸易	9101	国贸1751	女	19990224	民办	河南省	江苏省西亭高级中学
3320140023	17320401680658	小蝶	国际经贸系	国际经济与贸易	9101	国贸1751	男	19990923	民办	河南省	常州市第二中学
3320140031	17321023680832	小吴	国际经贸系	国际经济与贸易	9101	国贸1751	女	19980922	民办	河南省	宝应[illegible]
3320140033	17321101680212	小高	国际经贸系	国际经济与贸易	9101	国贸1751	男	19980411	民办	河南省	江苏省镇江第一中学
3320140037	17320412670288	小黑	国际经贸系	国际经济与贸易	9101	国贸1751	女	19990607	民办	河南省	常州市武进区横山桥高
3320140038	17320501680554	小白	国际经贸系	国际经济与贸易	9101	国贸1751	男	19970128	民办	河南省	苏州大学附属中学
3320140039	17320582670326	小山	国际经贸系	国际经济与贸易	9101	国贸1751	男	19981127	民办	河南省	张家港高级中学
3320140040	17320902680407	小水	国际经贸系	国际经济与贸易	9101	国贸1751	女	19981203	民办	河南省	盐城市明达中学
3320140041	17321012680850	唐僧	国际经贸系	国际经济与贸易	9101	国贸1751	男	19980304	民办	河南省	江都区仙城中学
3320140044	17321283670056	沙僧	国际经贸系	国际经济与贸易	9101	国贸1751	女	19980810	民办	河南省	江苏省黄桥中学
3320140045	17320201680465	观音菩萨	国际经贸系	国际经济与贸易	9101	国贸1751	女	19990723	民办	河南省	无锡市辅仁高级中学
3320140049	17320707680752	玉皇大帝	国际经贸系	国际经济与贸易	9101	国贸1751	女	19990811	民办	河南省	赣榆县第一中学
3320140053	17321283680339	如来佛祖	国际经贸系	国际经济与贸易	9101	国贸1751	女	19990222	民办	河南省	泰兴市第一高级中学
3320140687	17320281490785	高老头	国际经贸系	国际经济与贸易	9101	国贸1751	女	19990505	民办	河南省	江阴市山观高级中学
3320140689	17320830470149	猪八戒	国际经贸系	国际经济与贸易	9101	国贸1751	女	19980906	民办	河南省	江苏省盱眙中学
3320140691	17320804490771	蜘蛛精	国际经贸系	国际经济与贸易	9101	国贸1751	男	19981203	民办	河南省	江苏省淮州中学
3320140693	17320116470230	小白龙	国际经贸系	国际经济与贸易	9101	国贸1751	男	19990924	民办	河南省	江苏省六合高级中学

Sheet1

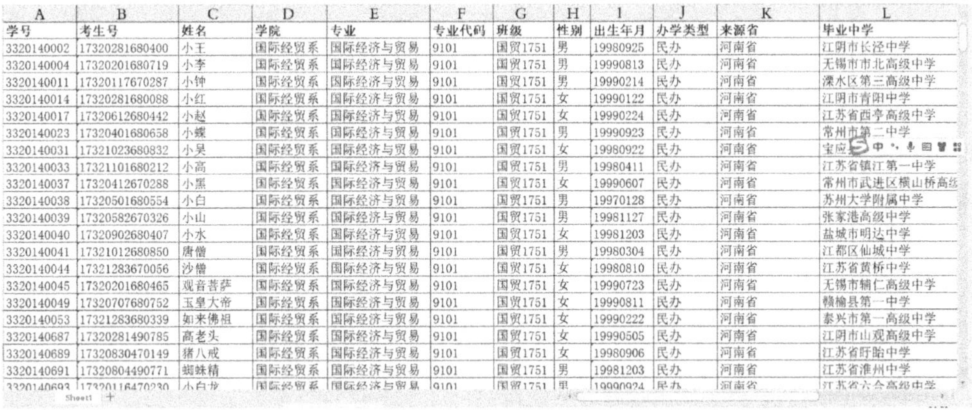

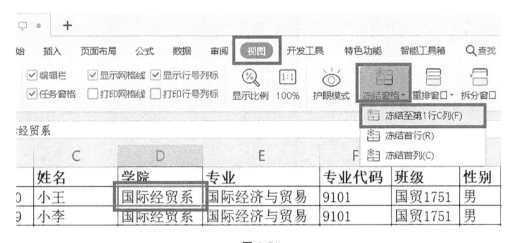

图 4.70

点击 D2 单元格后,选择"视图"选项卡,点击"冻结窗格"选项组中的"冻结至第一行 C 列(F)"按钮,如图 4.71 所示。

图 4.71

这样,表格不管向下滑动还是向右移动滚动条,表头和前列固定内容都不会被隐藏了,如图 4.72 所示。

Remark:假如只想固定首行,点击"视图"-"冻结窗格"-"冻结首行(R)";假如只想固定首列,点击"视图"-"冻结窗格"-"冻结首列(C)";假如想取消冻结行或列,点击"视图"-"冻结窗格"-"取消冻结窗格"。

	A	B	C	I	J	K	L	M	N	O	P	
1	学号	考生号	姓名	出生年月	办学类型	来源省	毕业中学	名族	政治面貌	入学日期	学制	
230	3320140066	17320312680483	蜘蛛精	19990929	民办	河南省	郑集中学	汉族	共青团员	20170909	4	2
231	3320140070	17320903680023	小白龙	19980924	民办	河南省	盐城多伦多国际学校（报名点）	汉族	共青团员	20170909	4	2
232	3320140071	17320925680203	哪吒三太子	19990430	民办	河南省	江苏省建湖高级中学	汉族	共青团员	20170909	4	2
233	3320140072	17321101670257	牛魔王	19990626	民办	河南省	江苏省镇江第一中学	汉族	共青团员	20170909	4	2
234	3320140077	17320981680256	大鹏金翅	19990316	民办	河南省	东台市第一中学	汉族	共青团员	20170909	4	2
235	3320140729	17320382490780	孙悟空	19980330	民办	河南省	江苏省运河中学	汉族	共青团员	20170909	4	2
236	3320140730	17320903490586	六耳猕猴	19990416	民办	河南省	盐城市龙冈中学	汉族	共青团员	20170909	4	2
237	3320140731	17320115470436	红孩儿	19990812	民办	河南省	南京市临江高级中学	汉族	共青团员	20170909	4	2
238	3320140733	17321202490620	二郎神	19981206	民办	河南省	泰州市第二中学	汉族	共青团员	20170909	4	2
239	3320140735	17320211490031	老狮王魔头	19981014	民办	河南省	江苏省太湖高级中学	汉族	共青团员	20170909	4	2
240	3320140739	17321204451398	镇元大仙	19990812	民办	河南省	江苏省姜堰第二中学	汉族	共青团员	20170909	4	2
241	3320140740	17320724490177	菩提老祖	19991126	民办	河南省	灌南高级中学	汉族	共青团员	20170909	4	2
242	3320141329	0106209033	唐僧	19990131	民办	广东省	暨南大学附属中学	汉族	共青团员	20170909	4	2
243	3320141330	0983201541	沙僧	19990418	民办	广东省	信宜中学	汉族	共青团员	20170909	4	2

图 4.72

118. 怎样将单元格中的数据拆分到多个单元格中？

对于如图 4.73 所示的合并单元格，如何快速的将其中的数据拆分到多个单元格中？

鼠标点击有内容的任何单元格，按下全选快捷键 Ctrl＋A 选中所有单元格区域，然后依次选择"开始"-"合并居中"-"拆分并填充内容（F）"，如图 4.74 所示，填充效果如图 4.75 所示。

商家	商品	数量
花果农业	苹果	10
	栗子	10
	桃子	10
	葡萄	10
	西瓜	10
丰盈果园	猕猴桃	10
	榴莲	10
	桃子	10
	桃子	18
	葡萄	20
诚信农业	西瓜	22
	猕猴桃	24
	桃子	26
	葡萄	28
	西瓜	30
	猕猴桃	32
	哈密瓜	34

图 4.73

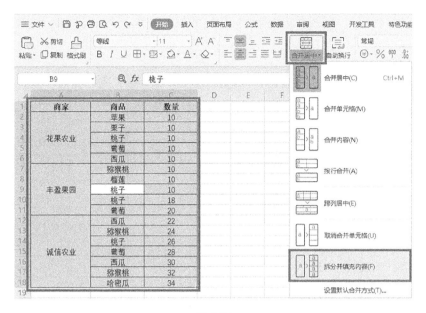

图 4.74

商家	商品	数量
花果农业	苹果	10
花果农业	栗子	10
花果农业	桃子	10
花果农业	葡萄	10
花果农业	西瓜	10
丰盈果园	猕猴桃	10
丰盈果园	榴莲	10
丰盈果园	桃子	10
丰盈果园	桃子	18
丰盈果园	葡萄	20
诚信农业	西瓜	22
诚信农业	猕猴桃	24
诚信农业	桃子	26
诚信农业	葡萄	28
诚信农业	西瓜	30
诚信农业	猕猴桃	32
诚信农业	哈密瓜	34

图 4.75

119. Ctrl＋E, 猜猜你要干啥?

我们平时在工作中经常需要对 Excel 表格进行拆分与合并,手动操作工作量太大又容易出错。今天就为大家介绍一个 WPS 中实用又强大的快捷键 Ctrl＋E,它可以通过对比字符串关系,识别出其中规律,猜出你想干啥,然后实现快速填充、批量添加前后缀、快速提取字符、整理数据、合并拆分单元格、分段数据等功能。下面就介绍快捷键 Ctrl＋E 的 7 种高效用法：

（1）快速拆分数据

有时我们需要根据一定规则对单元格内的数据进行快速拆分处理，如图 4.76 所示，我们需要把混合信息中的姓名、电话和邮递地址分别拆分出来。

图 4.76

操作方法：首先在单元格 B2 中输入一个模板"曹操"，然后按 Enter 回车键跳转到 B2 下面的空白单元格 B3 上，最后按一下快捷键 Ctrl＋E 就可以了，此时已自动填充"姓名"，如图 4.77 所示。

图 4.77

同样的方法，在 C2 单元格中输入"16312112992"，然后回车跳转到 C3 上，按下快捷键 Ctrl＋E 可以批量提取电话号码。在 D2 单元格中输入"江苏省无锡市江阴市鲥鱼港路 8 号景园小区"，然后回车跳转到 D3 上，按下快捷键 Ctrl＋E 可以批量提取邮寄地址。

Remark：Ctrl＋E 偶尔不能准确理解我们的意图，得到的结果不准确，可通过输入多个模板的方法来避免 Ctrl＋E 误判，例如批量填充"邮寄地址"时，不但在 D2 中输入模板，还在 D3 中输入模板，最后按回车键跳转到 D4 上，此时再按快捷键 Ctrl＋E。

（2）为手机号码加密

现在大家越来越关注个人隐私，所以在涉及师生手机号码时一般是需要加密处理的，可将手机号中间 4 位修改成星号。下面用图 4.78 中的数据举例，演示如何操作。

	A	B	C
1	姓名	电话	加密后的手机号
2	曹操	16312112992	
3	袁绍	17996696477	
4	夏侯惇	16737477997	
5	甘宁	16372769130	
6	太史慈	16276177670	
7	魏延	16361166677	
8	姜维	17362710701	
9	刘备	16706226669	
10	关羽	16213621703	
11	张飞	17094666363	

图 4.78

在单元格 C2 中输入"163＊＊＊＊2992"(也就是将 B2 单元格中的"16312112992"中间 4 位更改为"＊＊＊＊"),按回车键跳转到 C3 单元格,按下快捷键 Ctrl＋E,此时看到 C列中已快速填充好加密后的手机号,如图 4.79 所示。

姓名	电话	加密后的手机号
曹操	16312112992	163****2992
袁绍	17996696477	179****6477
夏侯惇	16737477997	167****7997
甘宁	16372769130	163****9130
太史慈	16276177670	162****7670
魏延	16361166677	163****6677
姜维	17362710701	173****0701
刘备	16706226669	167****6669
关羽	16213621703	162****1703
张飞	17094666363	170****6363

图 4.79

(3) 根据身份证提取出生日期

身份证号码的第 7—14 位是出生日期,以图 4.80 中的数据为例,我们可以通过快捷键 Ctrl＋E 快速提取出生日期。

	A	B	C
1	姓名	身份证号码	出生日期
2	小王	320281199809254287	
3	小李	320723199908133085	
4	小钟	320124199902143023	
5	小红	320281199901227743	
6	小赵	320683199902242022	
7	小蝶	320404199909233118	
8	小吴	321023199809220287	
9	小高	320830199804115098	
10	小黑	320483199906070020	
11	小白	340505199701281211	

图 4.80

操作方法:复制第一个身份证号码中的第7—14位,粘贴到后面的C2单元格中,然后按回车键跳转到单元格C3中,最后按一下快捷键Ctrl+E,即可提取出所有身份证对应的出生日期。

(4) 对数据信息进行顺序重组

假如Excel表格的学生信息原数据是“张三 国贸2152 团支书”,我们想批量修改成“国贸2152 团支书 张三”这样的顺序,该怎么做?

操作方法:先在单元格B2输入一行顺序调整后的数据,然后选取它和下面的空行(即B2:B9),如图4.81所示,也可只选取下面的第一个单元格B3,最后按一下快捷键Ctrl+E,就可以批量进行顺序重组了。

	A	B
1	原信息	现信息
2	张三 国贸2151 团支书	国贸2151 团支书 张三
3	李四 国贸2152 班长	
4	王五 商务2251 班长	
5	赵六 英语2152 团支书	
6	陈七 法学2151 班长	
7	刘八 法学2251 班长	
8	薛九 法学2351 团支书	
9	牛二 商务2351 团支书	

图4.81

(5) 数据快速合并

有时我们需要把几个单页格中的数据合并到一块,比如说要把如图4.82所示的省份、地级市、区县合并为完整地址信息,这时使用快捷键Ctrl+E就非常高效。

	A	B	C	D
1	省份	地级市	区县	合成地址
2	河南省	郑州市	中原区	
3	江苏省	南京市	鼓楼区	
4	四川省	成都市	温江区	
5	湖北省	武汉市	江汉区	
6	安徽省	合肥市	南市区	
7	陕西省	西安市	雁塔区	
8	山西省	南昌市	东湖区	

图4.82

操作方法:在单元格D2中输入“河南省郑州市中原区”,然后选取它和下面的空行(即D2:D8),也可以只选取下面的第一个空格D3,最后按一下快捷键Ctrl+E,就能将省市区一键合并了,最终的效果如图4.83所示。

省份	地级市	区县	合成地址
河南省	郑州市	中原区	河南省郑州市中原区
江苏省	南京市	鼓楼区	江苏省南京市鼓楼区
四川省	成都市	温江区	四川省成都市温江区
湖北省	武汉市	江汉区	湖北省武汉市江汉区
安徽省	合肥市	南市区	安徽省合肥市南市区
陕西省	西安市	雁塔区	陕西省西安市雁塔区
山西省	南昌市	东湖区	山西省南昌市东湖区

图4.83

（6）快速批量添加前后缀

有时我们需要为单元格中的内容批量添加前/后缀，比如在如图 4.84 所示的"红山学院国际经贸系"前加上"南京财经大学"，最终变为"南京财经大学红山学院国际经贸系"。

更改前	更改后
红山学院国际经贸系	
红山学院文法系	
红山学院金融税收系	
红山学院会计系	
红山学院工商管理系	

图 4.84

操作方法：先输入一个添加前缀的示例，内容是"南京财经大学红山学院国际经贸系"，然后选取它和下面的空行，也可以只选取下面的第一个空格，最后按一下快捷键 Ctrl＋E，就可以快速批量添加前缀"南京财经大学"。

（7）数据分段显示

当我们需要批量对手机数据进行分段显示时，操作方法为：首先在"分段显示形式1"的第一个单元格中输入前面对应手机号的分段显示形式，如图 4.85 所示，然后选取它和下面的空行，也可以只选取下面的第一个空格，最后按一下快捷键 Ctrl＋E，就可以批量进行手机号分段显示了。"分段显示形式 2"请读者自己设想另外一种形式显示并练习。

手机号	分段显示形式1	分段显示形式2
13585455995	135-8545-5995	
13852569180		
13276157370		
13861133675		
15862510701		
13506226339		
13218621508		
15094366838		
13815994341		
13003319070		
15050924859		
13961036101		
13812111835		
15298658785		
18762001335		

图 4.85

Remark：Ctrl＋E 快捷键的功能真是太强大了，熟练使用可以快速提高我们的工作效率，但是需要注意的是，其在识别简单有规律的数据时比较有效，对于较复杂的数据则需要多填充几个数据模板才能更准确。

120. 身份证号、准考证号输入后自动变成科学计数法形式，怎么办？

Excel 单元格在输入身份证号、准考证号或银行卡号前，需先将单元格格式改为“文本”格式，或者在输入前加一个英文单引号，如图 4.86 所示，这样在输入身份证号、准考证号、银行卡号等长度比较长的数值时就不会变为科学计算法形式或尾部的数值全部变为 0。

姓名	身份证号
小王	’
小李	
小钟	
小红	

图 4.86

121. 怎样将单元格中数字转换为中文大写数字？

在财务应用中，常常会遇到要将数字转化为中文大写数字的情况，该怎么做呢？下面以图 4.87 中的数据为例，展示如何将数字转化为中文大写数字。

	A	B
1	小写金额	大写金额
2	1000.8	
3	2000.9	
4	188.11	
5	398	
6	650	
7	850	
8	520	

图 4.87

(1) 使用单元格格式转化

先复制 A2:A8 中的数字到 B2:B8，在选中单元格区域 B2:B8 的前提下，按下快捷键 Ctrl+1 打开“单元格格式”对话框(也可在鼠标右键中选择“设置单元格格式(F)...”选项打开)，在“数字”选项卡的“分类(C)”项目中选择“特殊”，在右侧的“类型(T)”中选择“人民币大写”，如图 4.88 所示，最终的效果如图 4.89 所示。

图 4.88

小写金额	大写金额
1000.8	壹仟元捌角整
2000.9	贰仟元玖角整
188.11	壹佰捌拾捌元壹角壹分
398	叁佰玖拾捌元整
650	陆佰伍拾元整
850	捌佰伍拾元整
520	伍佰贰拾元整

图 4.89

（2）使用网站小工具转化

浏览器中搜索并打开"便民查询网"官网,在首页可看到众多工具,如"计算题大全""汉语词典""日期大写""个税计算器"等,找到"数字金额转中文大写金额"小工具,界面如图 4.90 所示。

在"数字/中文"中输入要转换的小写数字金额,然后点击"进行转换"按钮,最终的效果如图 4.91 所示,复制中文大写金额粘贴到 Excel 表格中,然后重复以上方法,完成全部数字转化。

图 4. 90

图 4. 91

Remark:在便民查询网中还有很多实用小工具,如图 4.92 所示,如感兴趣可收藏备用。

推荐工具	
在线计算器	公式计算器
个税计算器	温度单位换算
贷款计算器	数字金额转中文大写金额
面积单位换算	长度单位换算
功率单位换算	重量单位换算
热量单位换算	压力单位换算
体积容积换算	速度单位换算
密度单位换算	时间单位换算
计算题大全	圆柱体计算器
长方体计算器	球体计算器
正方体计算器	梯形体计算器
圆锥体计算器	圆环体计算器
正六角柱体计算器	存款利息计算
利率换算	日期大写

图 4. 92

（3）用多个函数进行判断后转化

此方法能将各类型数字完美转化为会计标准写法，但此方法公式较为复杂，以图 4.87 中的 A2 单元格为例，其函数公式为＝TEXT(INT($A$2),"[DBNum2]")&"元"&IF((INT($A$2*10)−INT($A$2)*10)=0," ",TEXT(INT($A$2*10)−INT($A$2)*10,"[DBNum2]")&"角")&IF((INT($A$2*100)−INT($A$2*10)*10)=0,"整",TEXT(INT($A$2*100)−INT($A$2*10)*10,"[DBNum2]")&"分")，用法如图 4.93 所示。

图 4.93

Remark：有些时候对于一些复杂的公式，如果能够理解那最好不过，如果不能理解也没有关系，最重要的是要学会套用，就像一辆汽车，不知道其工作原理没关系，不会维修也没关系，不会制造更没关系，会驾驶就足够了。

122. 怎样实现按姓氏笔画排序？

姓氏笔画排序于二十世纪六七十年代开始实行，但在 Excel 中默认的排序是以数字大小、英文字母顺序及中文读音对应的英文字母顺序升序或降序排序，以图 4.94 为例，怎样按姓氏笔画排序？

首先，选中 A 列，依次点击"开始"-"排序"中的"自定义排序"，打开"排序"对话框，"主要关键字"已自动选择"姓名"，"次序"为"升序"，勾选"数据包含标题(H)"（如果未勾选，则字段名称"姓名"二字会与人员名称一起排序），然后点击"选项(O)..."按钮打开"排序选项"对话框，如图 4.95 所示。

图 4.94

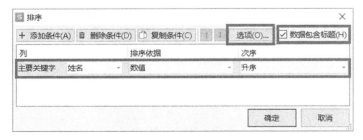

图 4.95

"排序选项"对话框中的"方式"默认为"拼音排序(S)"，将其更改为"笔画排序(R)"，如图 4.96 所示，点击"确定"按钮后返回"排序"对话框，再点击"确定"后，"姓名"一列将按照姓氏笔画顺序完成排序，排序结果如图 4.97 所示。

图 4.96   图 4.97

Remark：点击"排序"按钮后，如果字段名称与内容一起排序了，说明"排序"对话框中的"数据包含标题（H）"未被勾选。

123. 删除行后序号又要重排，有没有编号自动更新的方法?

在表格制作中，有时需要删除一些数据，删除后原来的序号也被删除了，需要手动重排，以图 4.98 为例，有没有使编号自动更新的方法?

	A	B
1	序号	姓名
2	1	曹操
3	2	袁绍
4	3	夏侯惇
5	4	甘宁
6	7	姜维
7	8	刘备
8	9	关羽
9	10	张飞
10	11	赵云
11	12	马超

图 4.98

在 A2 单元格输入公式＝ROW()－1，如图 4.99 所示，下拉复制即可。这样操作后，数据即使被删除，序号也会自动更新。

图 4.99

124. 怎样将表格行与列的数据位置互换?

以图 4.100 为例,要将表格行与列的数据位置互换,有什么快速的办法?

年级	国际经济与贸易	贸易经济	电子商务	贸易经济(专转本)	金融学	金融学(专转本)	会计学	审计学	财务管理	会计学(专转本)	工商管理	物流管理	人力资源管理	市场营销	工商管理(专转本)	物流管理(专转本)	市场营销(专转本)	法学	英语	保险	国际经济与贸易(专转本)	税务	总计
2010	37	73	30	55	285	51	735	102	122	67	30	53	49	44	51	49	52	74	71	17	44	76	2167
2011	65	67	34	36	311	50	715	108	125	65	32	41	54	41	58	49	53	76	78	16	52	77	2203
总计	102	140	64	91	596	101	1450	210	247	132	62	94	103	85	109	98	105	150	149	33	96	153	4370

图 4.100

首先框选所有数据,按快捷键 Ctrl＋C 复制,鼠标右键点击表格下方任一空白单元格,点击"选择性粘贴(S)"-"选择性粘贴(S)"选项,如图 4.101 所示。

图 4.101

在"选择性粘贴"对话框中,勾选下方"转置(E)"选项后点击"确定"按钮,如图4.102所示。

图 4.102

此时表格的行与列数据位置已经互换,只需再微调下单元格格式即可。

125. 单元格中不同长度的姓名如何对齐?

单元格中的姓名有两个字的、有三个字的,也有四个字的,为了整齐,有人在制作表格的时候会在姓名中加空格,这样做一是麻烦,二是破坏了数据(在未来 VLOOKUP 匹配或 Ctrl＋F 搜索时找不到数据),以图4.103 为例,怎样快速解决对齐问题?

第一种方法:框选所有姓名单元格,点击"开始"下的"分散对齐",如图 4.104 所示。

图 4.103

图 4.104

第二种方法:框选所有姓名单元格,按快捷键 Ctrl＋1 打开"单元格格式"对话框,切换到"对齐"选项卡,在"水平对齐(H)"中选择"分散对齐(缩进)",如图 4.105 所示。

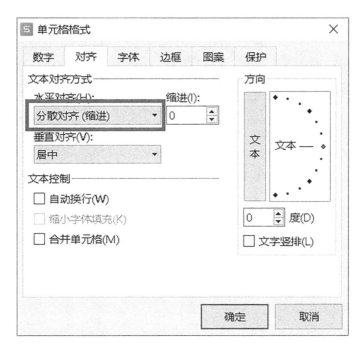

图 4.105

最终的效果如图 4.106 所示。

姓		名
曹		操
袁		绍
夏	侯	惇
甘		宁
太	史	慈
诸	葛孔	明
姜		维
刘		备

图 4.106

Remark："姓名"分散对齐后的效果并不是特别好，但已经是 WPS 可以达到的最优效果了。

126. 合并单元格后怎样保留原单元格所有数据？

对于如图 4.107 所示的字段"专业"，当合并单元格时，如果期望合并后保留原单元格所有"专业"数据，而不是仅仅保留第一条记录"工商管理系"，该怎么办呢？

院系	专业
工商管理系	工商管理
工商管理系	人力资源管理
工商管理系	市场营销
工商管理系	物流管理

图 4.107

首先选中要合并的单元格区域,然后点击"开始"-"合并居中"-"合并内容(N)"即可,如图 4.108 所示。

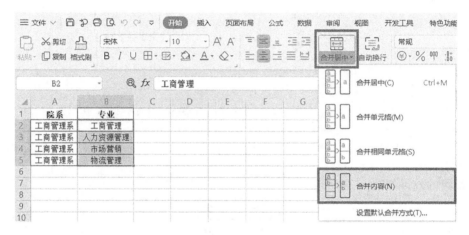

图 4.108

最终的效果如图 4.109 所示。

院系	专业
工商管理系	工商管理
工商管理系	人力资源管理
工商管理系	市场营销
工商管理系	物流管理

图 4.109

127. 如何快速移动单元格区域、整行或整列的位置?

首先选中要移动的单元格区域、行或列,此时被选中的单元格区域、行或列出现绿色(书中为深色)框,将鼠标移动到绿框边缘,待光标变为十字箭头" ✛ "时进行拖拽,即可将选择的内容拖动到指定位置,如图 4.110 所示。

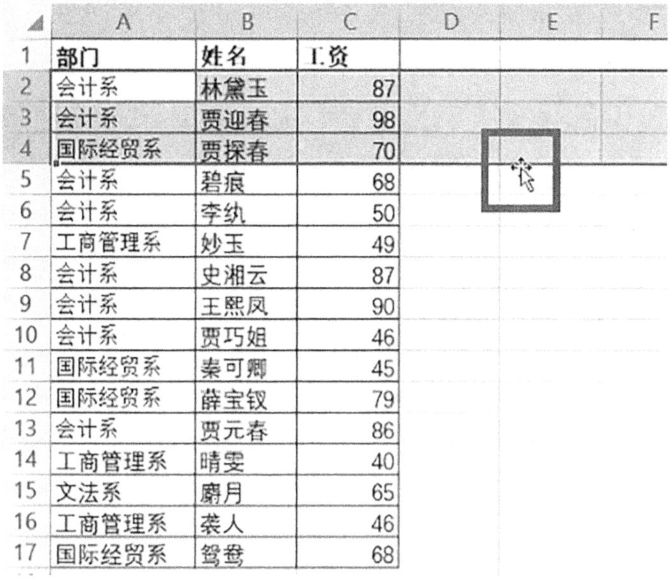

图 4.110

128. 如何快速插入多个空白行或列?

在指定位置点击行号或列号,点击鼠标右键选择"插入(I)",如果不主动修改插入行数或列数,默认只能插入 1 行或 1 列。以图 4.111 为例,可否快速插入多个空白行或列?

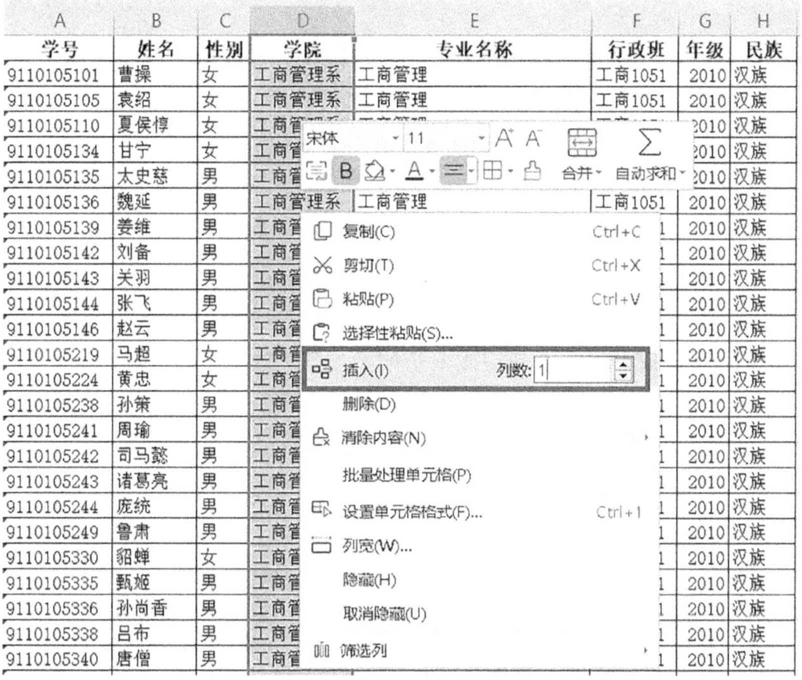

图 4.111

如要在字段"学院"前添加 4 个空白列,鼠标就从字段"学院"所在的列往后拖拽,总计选择 4 列,如图 4.112 所示。

学号	姓名	性别	学院	专业名称	行政班	年级	民族
9110105101	曹操	女	工商管理系	工商管理	工商1051	2010	汉族
9110105105	袁绍	女	工商管理系	工商管理	工商1051	2010	汉族
9110105110	夏侯惇	女	工商管理系	工商管理	工商1051	2010	汉族
9110105134	甘宁	女	工商管理系	工商管理	工商1051	2010	汉族
9110105135	太史慈	男	工商管理系	工商管理	工商1051	2010	汉族
9110105136	魏延	男	工商管理系	工商管理	工商1051	2010	汉族
9110105139	姜维	男	工商管理系	工商管理	工商1051	2010	汉族
9110105142	刘备	男	工商管理系	工商管理	工商1051	2010	汉族
9110105143	关羽	男	工商管理系	工商管理	工商1051	2010	汉族
9110105144	张飞	男	工商管理系	工商管理	工商1051	2010	汉族
9110105146	赵云	男	工商管理系	工商管理	工商1051	2010	汉族

图 4.112

选择好后,点击鼠标右键选择"插入",此时"学院"前增加了 4 个空白列,如图 4.113 所示。

学号	姓名	性别					学院	专业名称	行政班	年级	民族
9110105101	曹操	女					工商管理系	工商管理	工商1051	2010	汉族
9110105105	袁绍	女					工商管理系	工商管理	工商1051	2010	汉族
9110105110	夏侯惇	女					工商管理系	工商管理	工商1051	2010	汉族
9110105134	甘宁	女					工商管理系	工商管理	工商1051	2010	汉族
9110105135	太史慈	男					工商管理系	工商管理	工商1051	2010	汉族
9110105136	魏延	男					工商管理系	工商管理	工商1051	2010	汉族
9110105139	姜维	男					工商管理系	工商管理	工商1051	2010	汉族
9110105142	刘备	男					工商管理系	工商管理	工商1051	2010	汉族

图 4.113

同理,如要在字段"学院"前添加 5 个空白列,鼠标就从字段"学院"所在的列往后拖拽,总计选择 5 列,然后右键选择"插入";如要在字段"学院"前添加 6 个空白列,鼠标就从字段"学院"所在的列往后拖拽,总计选择 6 列,然后右键选择"插入"。

添加多个空白行的操作和添加空白列一致,只需鼠标从要插入的位置开始拉选要插入的行的数量,右键选择"插入"即可。

129. 如何快速找到表中的重复项?

在表格制作中,可能因为操作失误导致数据重复,以图 4.114 为例,用什么办法可快速找出重复的数据?

第一种方法:色彩标注法。

先选中需查找重复项的单元格区域,然后点击"数据"-"重复项"-"设置高亮重复项(S)",操作如图 4.115 所示,在"高亮显示重复项"对话框中保持默认,直接点击"确定"按钮,如图 4.116 所示,然后可以看到重复的项目已被标记为橙色(书中为深色),如图 4.117 所示,删掉重复项即可。

姓名
唐僧
沙僧
观音菩萨
玉皇大帝
如来佛祖
高老头
猪八戒
蜘蛛精
小白龙
哪吒三太子
牛魔王
大鹏金翅
孙悟空
六耳猕猴
红孩儿
二郎神
老狮王魔头
镇元大仙
菩提老祖
唐僧
曹操
刘备
关羽
如来佛祖
赵云
孙悟空

图 4.114

图 4.115

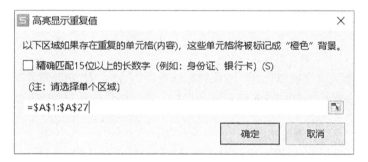

图 4.116

姓名
唐僧
沙僧
观音菩萨
玉皇大帝
如来佛祖
高老头
猪八戒
蜘蛛精
小白龙
哪吒三太子
牛魔王
大鹏金翅
孙悟空
六耳猕猴
红孩儿
二郎神
老狮王魔头
镇元大仙
菩提老祖
唐僧
曹操
刘备
关羽
如来佛祖
赵云
孙悟空

图 4.117

第二种方法：直接删除重复项。

首先选中要查找重复项的单元格区域或者干脆选择整列，然后点击"数据"-"重复项"-"删除重复项（D）"，如图 4.118 所示。

图 4.118

在弹出的"删除重复项"对话框中，保持默认选择，直接点击"删除重复项（R）"按钮，如图 4.119 所示，此时弹出"WPS 表格"提示框，如图 4.120 所示，点击"确定"完成整个操作。

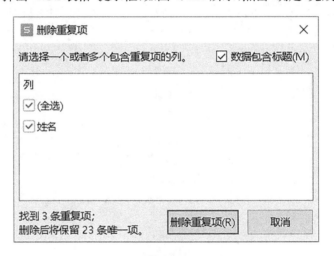

图 4.119

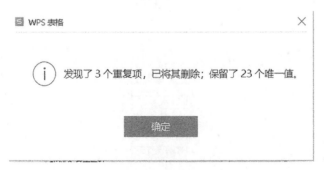

图 4.120

Remark：第一种方法只是标识,删除重复项需用户自行操作;第二种方法是直接删掉重复项,保留唯一值。

130. 什么是数据透视表?

数据透视表是一种可以快速汇总大量数据的交互式方法。使用数据透视表可以深入分析数值数据,并且可以回答一些预料不到的数据问题。数据透视表是专门针对以下用途设计的:

(1) 以多种用户友好方式查询大量数据。

(2) 对数值数据进行分类汇总和聚合,按分类和子分类对数据进行汇总,创建自定义计算和公式。

(3) 展开或折叠要关注结果的数据级别,查看感兴趣区域汇总数据的明细。

(4) 将行移动到列或将列移动到行(或"透视"),以查看源数据的不同汇总。

(5) 对最有用和最关注的数据子集进行筛选、排序、分组和有条件地设置格式,使用户能够关注所需的信息。

(6) 提供简明、有吸引力并且带有批注的联机报表或打印报表。

说白了就一句话:数据透视表可以快速以各种角度分析汇总数据。

如果只学 Excel 的一个功能,那必须是数据透视表,因为其功能实在是太强大了。

图 4.121 是年级转专业情况汇总表,总计 300 条数据,字段有"学号""姓名""绩点""原专业""转入专业",现需汇总各专业转出人数、各专业转入人数、转入专业中的最高绩点。带着以上 3 个问题,我们来学习数据透视表的用法。

▲	A	B	C	D	E
1	学号	姓名	绩点	原专业	转入专业
2	3330130618	李*	3.05	保险学	金融学
3	3330131820	秦*	2.64	保险学	金融学
4	3330131966	吴*	3.34	保险学	金融学
5	3330131965	夏*	3.43	保险学	金融学
6	3330131996	耿*	4.48	保险学	会计学
7	3330130616	卢*	2.77	保险学	会计学
8	3330131997	许*	3.82	保险学	会计学
9	3330131267	王*	2.96	保险学	会计学
10	3330131265	秦*馨	4.01	保险学	金融学
293	3330131670	杨*婷	3.86	物流管理	会计学
294	3330131987	王*弛	2.91	物流管理	会计学
295	3330130789	范*露	2.93	物流管理	财务管理
296	3330132144	田*杰	3.84	物流管理	会计学
297	3330130059	李*红	3.73	物流管理	会计学
298	3330130817	徐*香	2.64	物流管理	会计学
299	3330130814	凌*怡	3.97	物流管理	财务管理
300	3330131479	丁*清	2.54	物流管理	财务管理
301	3330131671	庞*敏	4.48	物流管理	英语
302					

图 4.121

第一个问题：怎样汇总各专业转出人数？

点击数据区域的任何一个单元格，选择"插入"-"数据透视表"，如图4.122所示。

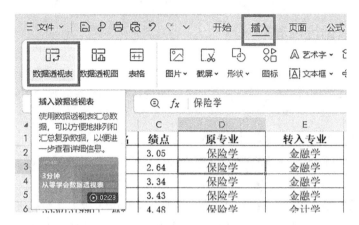

图4.122

在"创建数据透视表"对话框中，保持默认选项，如图4.123所示，其中"新工作表（N）"表示会新建一个工作表存放透视表数据，"现有工作表（E）"表示就在当前工作表中存放透视表数据。

在弹出的新建工作表中，将"字段列表"中的"原专业"拖拽到"行"区域，如图4.124所示。

图4.123

图4.124

再将"字段列表"中的任意一个字段拖拽到"值"区域,如"姓名",如图 4.125 所示,拖拽后的透视表将立即显现,如图 4.126 所示。

Remark:向"值"区域中拖拽的字段可任选,效果一样。

选择整个透视表单元格区域,按 Ctrl＋C 复制,再按快捷键 Ctrl＋N 新建一个工作簿,在新建的工作簿中点击第一个单元格 A1,右键选择"粘贴为数值"按钮,如图 4.127 所示。

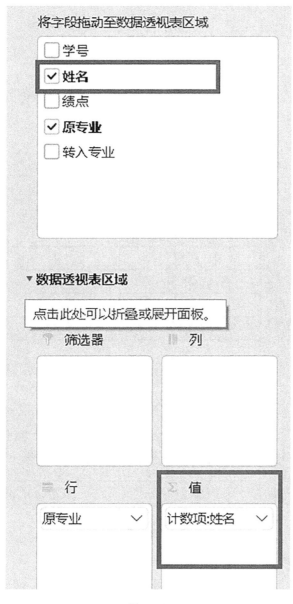

图 4.125

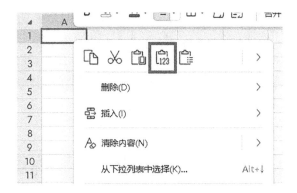

3	原专业 ▼	计数项:姓名
4	国际经济与贸易	24
5	贸易经济	25
6	电子商务	19
7	金融学	1
8	税收学	20
9	保险学	11
10	审计学	4
11	财务管理	29
12	工商管理	51
13	物流管理	29
14	人力资源管理	48
15	市场营销	39
16	总计	300

图 4.126　　　　　　　　　　　　图 4.127

将字段名称"原专业"更改为"专业名称",将字段名称"计数项:姓名"更改为"转出人数",并调整格式,得到各专业转出人数,如图 4.128 所示,保存即可。

	A	B
1	专业名称	转出人数
2	国际经济与贸易	24
3	贸易经济	25
4	电子商务	19
5	金融学	1
6	税收学	20
7	保险学	11
8	审计学	4
9	财务管理	29
10	工商管理	51
11	物流管理	29
12	人力资源管理	48
13	市场营销	39
14	总计	300

图 4.128

第二个问题:怎样汇总各专业转入人数?

点击年级转专业汇总表数据区域中的任何一个单元格,选择"插入"-"数据透视表"。

在"创建数据透视表"对话框中,保持默认选项。

在弹出的新建工作表中,将"字段列表"中的"转入专业"拖拽到"行"区域,将"字段列表"中的"姓名"拖拽到"值"区域,如图 4.129 所示。

经过以上步骤得到"各专业转入人数"透视表。

第三个问题:怎样汇总转入专业中的最高绩点?

点击年级转专业汇总表数据区域中的任何一个单元格,选择"插入"-"数据透视表"。

在"创建数据透视表"对话框中,保持默认选项。

在弹出的新建工作表中,将"字段列表"中的"转入专业"拖拽到"行"区域,将"字段列表"中的"绩点"拖拽到"值"区域,如图 4.130 所示。

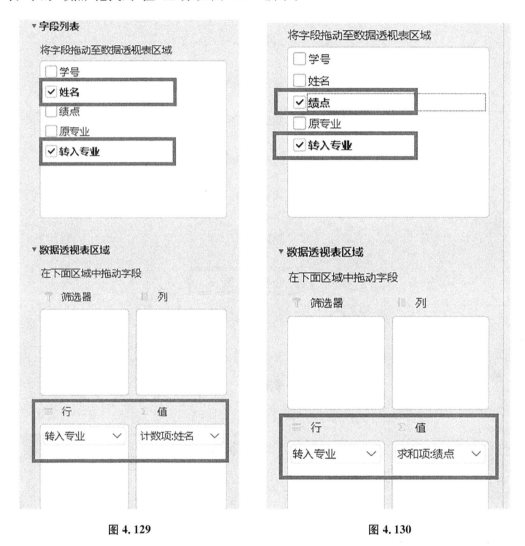

| 图 4.129 | 图 4.130 |

点击"值"区域中的下拉框按钮"✓",选择"值字段设置(N)",如图 4.131 所示。

在"值字段设置"对话框中,将"自定义名称(M)"改为"绩点最大值","值字段汇总方式(S)"选择"最大值",如图 4.132 所示。

Remark:"自定义名称"是否更改关系不大,改为何值将在生成的透视表中体现。

经过以上步骤得到"转入专业中的最高绩点"透视表,如图 4.133 所示。

图 4.131

图 4.132

转入专业 ⏷	绩点最大值
金融学	4.76
会计学	4.76
审计学	4.58
财务管理	4.72
法学	3.7
英语	4.48
总计	4.76

图 4.133

131. 如何将多个表头一致的表合并成一个表?

平时工作中常常需要将多个部门、不同人员提交的 Excel 表格合并成一个表格,该怎么做呢?

进行合并操作的前提是多个 Excel 工作簿文档的数据结构要相同,即列数相同、列标题相同,下面以图 4.134 所示的 18 个文件为例,来演示合并汇总操作。

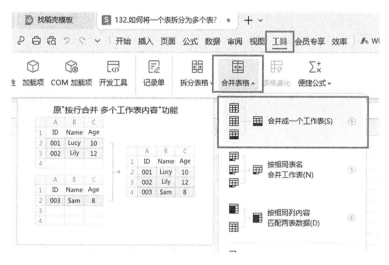

图 4.134

首先打开一个空白 WPS 表格,点击"工具"-"合并表格"-"合并成一个工作表(S)",如图 4.135 所示。

图 4.135

在"合并成一个工作表"对话框中,点击"添加文件(A)"按钮,如图 4.136 所示。

图 4.136

通过文件位置浏览选择操作,选择所有要合并的文件,如图 4.137 所示。

图 4.137

此时"合并成一个工作表"对话框显示待合并的工作表、工作簿,点击"开始合并",如图 4.138 所示。

图 4.138

几秒后,合并完成,不但生成一个总表,还有一份报告,报告中显示成功合并了多少个工作表,失败了多少个,最终合并了多少行,如图 4.139 所示。

工作簿	工作表	合并状态	合并后的位置
工作簿1	Sheet1	失败: 没有数据	
蔡珉.xls	蔡成珉	成功	总表!B1:L6
蔡晴晴.xls	蔡晴	成功	总表!B7:L16
蔡顺军.xls	蔡军	成功	总表!B17:L19
曾卫敏.xls	曾卫T	成功	总表!B20:L22
曾艳艳.xls	曾艳	成功	总表!B23:L26
陈对军.xls	陈对	成功	总表!B27:L32
陈希.xls	陈昱希	成功	总表!B33:L48
陈协军.xls	陈协	成功	总表!B49:L57
陈哲.xls	陈旻哲	成功	总表!B58:L67
程金霞.xls	陈金霞	成功	总表!B68:L80
程行松.xls	程应松	成功	总表!B81:L89
戴永生.xls	戴德生	成功	总表!B90:L92
郭春华.xls	郭冬华	成功	总表!B93:L102
韩娅利.xls	韩娅	成功	总表!B103:L116
金绍芳.xls	洪绍芳	成功	总表!B117:L119
刘桂华.xls	陈桂华	成功	总表!B120:L124
王哲石.xls	Sheet1	成功	总表!B125:L127
周双娣.xls	曹双娣	成功	总表!B128:L130

报告: 成功合并 18 个工作表, 失败 1 个, 共 130 行数据。

报告　总表　＋

图 4.139

切换到"总表",可以看到合并汇总后的结果,对表格进行格式微调即可。

Remark1:在"数据"-"合并表格"中有多个按钮选项,如图 4.140 所示,感兴趣的读者可自行测试各个按钮分别有什么作用。

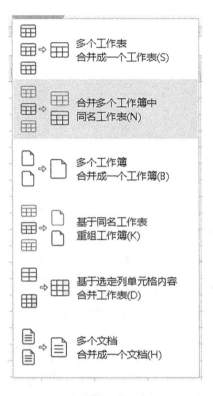

图 4.140

Remark2:在微软 Office Excel 中没有直接合并工作表的功能,只能通过宏命令完成合并操作,但对于大多数人来讲,宏命令不好理解,为此,给大家分享一个可用于在微软 Excel 中合并单元格的工具——"Excel 不加班。"该工具是包含了宏命令的 Excel 文件,由《Excel 效率手册——早做完,不加班》的作者陈锡卢先生制作,用法是先将该工具与要合并的 Excel 文件放在同一文件夹下,打开工具,先点击"启用宏",然后点击"Excel 不加班"图片即开始合并工作表,如图 4.141 所示,一段时间后合并完成。

图 4.141

Remark3：上面的工具也可以完成对 WPS 工作表的合并，方法与微软 Excel 中一致。但需要特别注意的是合并操作时不允许打开除工具外的其他 Excel 文件。

132. 如何将一个表拆分为多个表？

高校日常工作中除了将多个工作表合并为一个工作表外，偶尔也会将一个工作表拆分为多个工作表，那么如何实现呢？

以图 4.142 所示的课程信息来举例讲解如何将一个表拆分为多个表，操作如下：

课程名称	班级名称	任课教师	课程性质	人数
税务检查基础	税收1953	刘七	专业主干课	49
财务分析	财管1951	张三	专业主干课	53
财务分析	财管1952	张三	专业主干课	53
财务分析	财管1953	李四	专业主干课	56
财务分析	财管1954	李四	专业主干课	53
绩效管理理论与实务	人资1951	王五	专业主干课	51
绩效管理理论与实务	人资1952	王五	专业主干课	35
绩效管理理论与实务	人资1953	王五	专业主干课	38
税务检查基础	税收1951	陈六	专业主干课	52
税务检查基础	税收1952	陈六	专业主干课	50

图 4.142

打开要拆分的表，然后点击"工具"-"拆分表格"-"工作表按内容拆分（O）"，如图 4.143 所示，打开"拆分工作表"对话框。

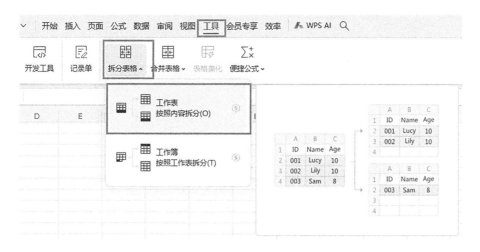

图 4.143

在"拆分工作表"对话框中，选择要"拆分的依据（B）"，在此我们可选择"任课教师（列 C）"，其他保持默认，然后点击"开始拆分"，如图 4.144 所示。

拆分工作表
将工作表按指定的内容拆分成若干个工作表
待拆分区域(A): =Sheet1!$A$1:$E$11
数据包含标题(H)
拆分的依据(B): 任课教师(列C)
拆分后的工作表，保存到:
不同的新文件，保存路径(P)
ktop\3.29 如何将一个表拆分为多个表?
浏览(O)
不同的新工作表(N)
预览: (仅展示部分数据)
刘七.xlsx
刘七
专业主干课
张三.xlsx
张三
专业主干课
张三
专业主干课
开始拆分
取消

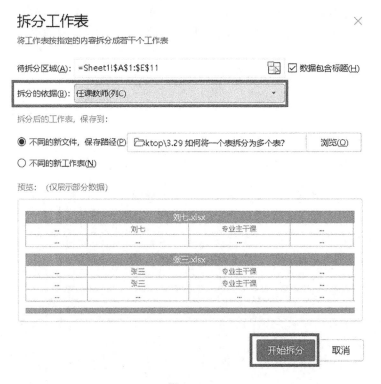

图 4.144

很快,表格拆分完成,弹出一个完成提示框,如图 4.145 所示。

拆分表格
拆分完毕
5/5
打开文件夹

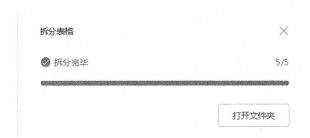

图 4.145

点击“打开文件夹”,即可看到拆分后形成的一个个单独 Excel 文件,如图 4.146 所示。

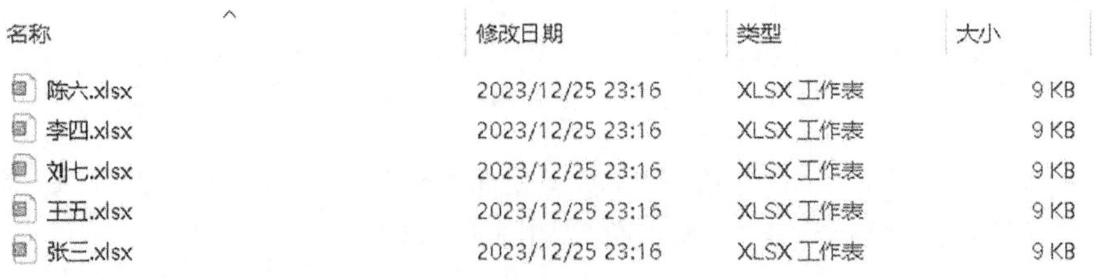

名称
修改日期
类型
大小
陈六.xlsx 2023/12/25 23:16 XLSX 工作表 9 KB
李四.xlsx 2023/12/25 23:16 XLSX 工作表 9 KB
刘七.xlsx 2023/12/25 23:16 XLSX 工作表 9 KB
王五.xlsx 2023/12/25 23:16 XLSX 工作表 9 KB
张三.xlsx 2023/12/25 23:16 XLSX 工作表 9 KB

图 4.146

如果不希望将工作表拆分为一个个独立的 Excel 文件,而是将拆分后的一个个工作表保存在同一个 Excel 文件中,可在"拆分工作表"对话框中,将"拆分后的工作表,保存到"设置为"不同的新工作表(N)",如图 4.147 所示,最终的结果如图 4.148 所示。

图 4.147

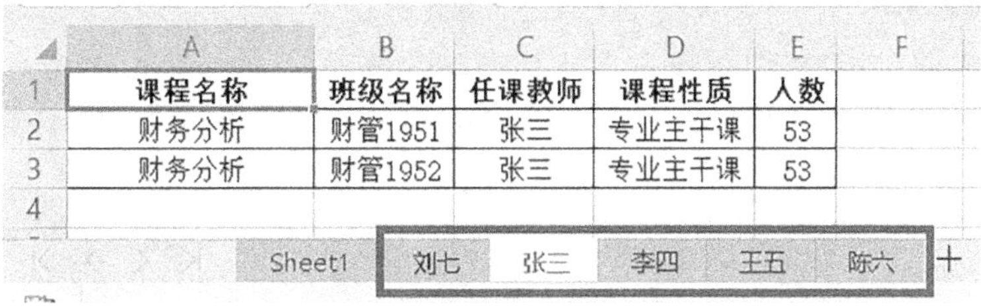

图 4.148

133. 如何快速找出两行或列中不同的数据?

在日常工作中,有时需要对两个行或列进行对比,找出行或列不同的数据,人工一行行或一列列对比,不仅时间长而且效率低,错误率高,有没有快捷的方法?

首先将要对比的数据放在两行或列,如图 4.149 所示,以列为例全选数据后,在 C2 单元格中输入公式=COUNTIF(A:A,B2),公式返回值如果是"0",说明单元格 B2 的值在 A 列中没有出现,如图 4.150 所示;假如返回值为"1"或数值大于"1",说明单元格 B2 的值在 A 列中存在。

	A	B	C
1	名称1	名称2	
2	杜峰	杜锋	
3	薛帅通	薛帅通	
4	南京财经大学红山学院	南京财经大学红山学院	
5	王杰	王 杰	
6	张炜	张伟	
7	孙悟空	孙悟空	
8	六耳猕猴	六耳猕猴	
9	红孩儿	红 孩儿	
10	二郎神	二郎神	
11	老狮王魔头	老狮王魔头	
12	镇元大仙	镇院大仙	
13	菩提老祖	菩提老祖	
14	唐僧	唐生	
15	沙僧	沙增	

图 4.149

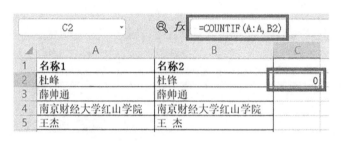

图 4.150

将鼠标光标放置于 C2 单元格的右下角,待光标变为实心十字"**十**"后,双击鼠标左键,批量计算出 B 列中相应的数据在 A 列中出现的次数,最终的结果如图 4.151 所示,值为 0 的即为 B 列相应单元格的数据在 A 列不存在,以此方法则能快捷找出不同的数据。

A	B	C
名称1	名称2	
杜峰	杜锋	0
薛帅通	薛帅通	1
南京财经大学红山学院	南京财经大学红山学院	1
王杰	王 杰	0
张炜	张伟	0
孙悟空	孙悟空	1
六耳猕猴	六耳猕猴	1
红孩儿	红 孩儿	0
二郎神	二郎神	1
老狮王魔头	老狮王魔头	1
镇元大仙	镇院大仙	0
菩提老祖	菩提老祖	1
唐僧	唐生	0
沙僧	沙增	0

图 4.151

Remark：函数 COUNTIF 用于计算单元格区域中满足条件的单元格个数，语法是 COUNTIF(区域，条件)。＝COUNTIF(A：A，B2)中的 A：A 为单元格区域，B2 即为条件，返回值为满足条件的个数，如果是"0"表示条件未在区域中出现；非 0 表示出现过，"1"表示出现 1 次，"2"表示出现 2 次，"3"表示出现 3 次，依次类推。

134. 如何快速美化表格样式?

默认情况下，Excel 制作的表格都比较简单，以图 4.152 为例，怎样快速美化表格？

班级	数学平均分	英语平均分	语文平均分
国贸1551	60	70	80
国贸1552	61	71	81
国贸1553	62	72	82
商务1551	63	73	83
商务1552	64	74	84
商务1553	65	75	85
会计1651	66	76	86
会计1652	67	77	87
会计1653	68	78	88
会计1654	69	79	89
会计1655	70	80	90
会计1656	71	81	91
会计1657	72	82	92
会计1658	73	83	93

图 4.152

首先选中表格区域，按快捷键 Ctrl＋T，在弹出的"创建表"对话框中，保持"表包含标题(M)"和"筛选按钮(F)"为默认选项，点击"确定"按钮，如图 4.153 所示。

图 4.153

此时表格整体样式发生变化。还可以点击"表格工具"中的"表样式"选项卡,选择预设的其他表格样式,以及勾选表格样式前方的"汇总行""第一列""最后一列""镶边列",实际看看表格会变成什么样子,如图4.154所示。

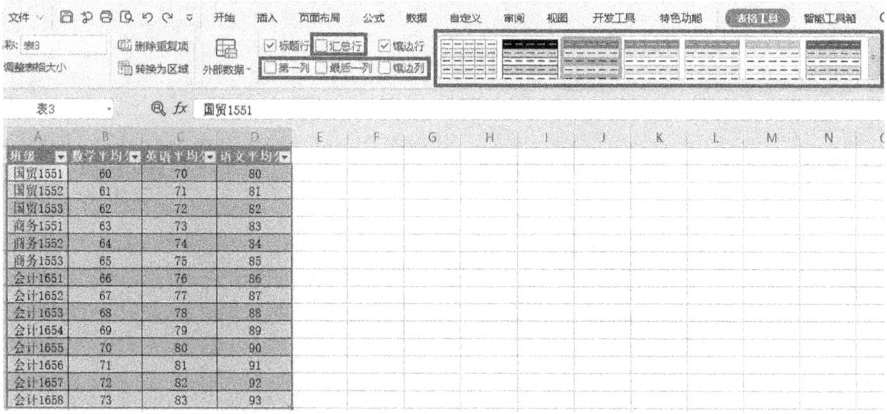

图4.154

135. 如何保护工作表不被篡改?

使用Excel制作的表格,为保证表格的完整性,可设置为不允许其他用户修改表格,以图4.155为例,该怎样操作?

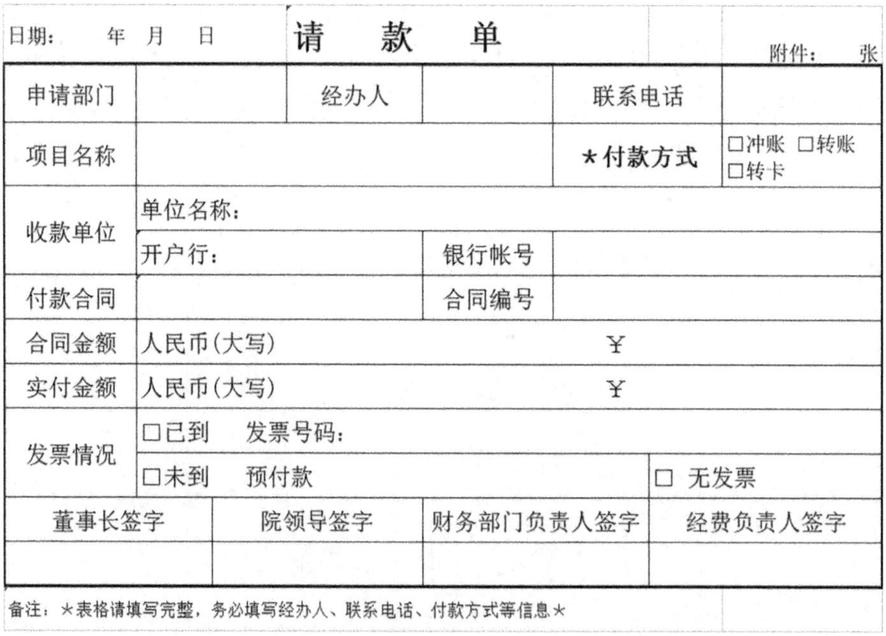

图4.155

打开文件后,直接选择"审阅"-"保护工作表"(光标置于"保护工作表"图标上,不点击),如图 4.156 所示。

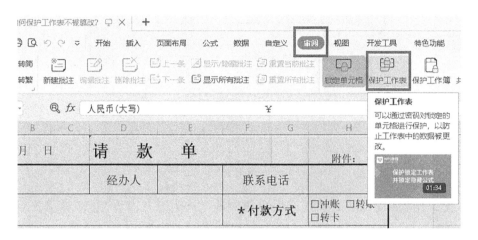

图 4.156

光标置于"保护工作表"图标上,点击鼠标左健,在"保护工作表"对话框中经提示,两次输入密码,分别如图 4.157 和图 4.158 所示。

图 4.157

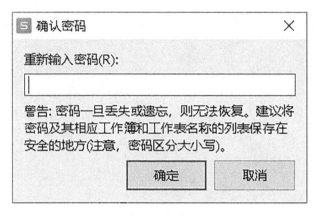

图 4.158

设置工作表保护后，如果其他用户想更改 Excel 原有内容，都将弹出提示，如图 4.159 所示。

图 4.159

Remark：如果要撤销工作表保护，可点击"审阅"-"撤销工作表保护"，在"撤销工作表保护"对话框中输入密码即可，如图 4.160 所示。

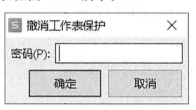

图 4.160

136. 长表格打印时如何设置使每页都有表头？

拥有多页数据的长表格，在打印时，只有第一页有表头，从第二页起之后都没有表头，如图 4.161 所示，不便于用户阅读，如何设置能让每一页都出现表头？

点击"页面布局"-"打印标题"按钮，如图 4.162 所示。

财务管理	3	36	36	0	0
审计学原理	3	54	54	0	0
管理审计	3	48	48	0	0
会计信息系统	3	72	72	0	0
跨国公司财务（双语）	3	51	51	0	0
财务分析	3	48	48	0	0
财务分析	3	48	48	0	0
税务会计	2	36	36	0	0
投资银行学	3	51	51	0	0
财产与责任保险	2	38	38	0	0
风险管理	2	34	34	0	0
保险经营管理	2	36	36	0	0
保险经济学	3	48	48	0	0
证券投资学	3	57	48	0	9
证券投资学	3	57	48	0	9
利息理论	3	57	57	0	0
再保险	2	34	34	0	0
上市公司财务报表分析	3	57	57	0	0
金融学	3	51	51	0	0
金融学	3	51	51	0	0
金融学	3	51	51	0	0
金融学	3	51	51	0	0
金融学	3	57	57	0	0
金融学	3	57	57	0	0
金融学	3	57	57	0	0
金融实验分析	3	48	0	0	48

图 4. 161

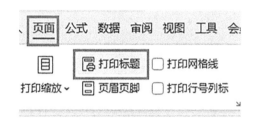

图 4. 162

在"页面设置"对话框中,点击"工作表"选项卡,在"打印标题"的"顶端标题行(R)"文本框中点击右侧图标,如图 4. 163 所示。

图 4. 163

鼠标光标变成图标"➡",选中第一行后(选中后第一行变为绿色虚心线,同时录入框中显示"＄1:＄1"),点击弹出文本框右侧图标的关闭键"×",返回"页面设置"对话框,点击"确定"按钮,如图 4.164 所示。

	课程名称	学分	总学时	其中: 理论教学学时	其中: 实践教学学时	其中: 实验教学学时
2	JAVA语言程序设计(双语)	3	51	51		
3	WEB应用开发技术	2	34	24		
4	贸易经济学	3	51	51		

图 4.164

采用上述方法,长表格在打印的时候,就每页都有表头了。

137. 如何根据数据自动分页打印?

以图 4.165 为例,在打印的时候希望每一门课程单独在一页,如果用传统的"筛选"方式较为麻烦,有没有简便的方法?

专业名称	班级名称	班级已选	课程名称	教师职工号	教师姓名	职称
物流管理	物流2152	37	马克思主义基本原理	6320200032	黄*	讲师
会计学	会计2151	51	马克思主义基本原理	6320220102	李*	助教
市场营销	营销2151	45	马克思主义基本原理	6320210118	李*	助教
审计学	审计2151	51	马克思主义基本原理	6320200078	高*	讲师
会计学	会计2152	52	马克思主义基本原理	6320220102	李*	助教
财务管理	财管2152	56	马克思主义基本原理	6320200081	张*	讲师
保险学	保险2251	38	毛泽东思想和中国特色社会主义理论体系概论	5119871044	于*	教授
物流管理	物流2251	37	毛泽东思想和中国特色社会主义理论体系概论	5120201057	黄*	讲师
英语	英语2252	39	毛泽东思想和中国特色社会主义理论体系概论	5120201057	黄*	讲师
法学	法学2053	51	形势与政策	6320210037	刘*	讲师
金融学	金融2056	35	形势与政策	5119951027	徐*	副教授
会计学	会计2051	50	形势与政策	5119951045	蒋*	副教授
会计学	会计2055	49	形势与政策	5119951045	蒋*	副教授
财务管理	财管2053	54	形势与政策	5120011035	叶*	教授
财务管理	财管2052	53	形势与政策	5120011035	叶*	教授
电子商务	商务2051	47	形势与政策	5120181055	李*	讲师
国际经济与贸易	国贸2351	55	中国近现代史纲要	6320220083	吴*	助教
英语	英语2351	28	中国近现代史纲要	6320210134	咸*	助教
国际经济与贸易	国贸2353	54	中国近现代史纲要	6320220150	刘*	副教授
税收学	税收2351	54	中国近现代史纲要	5119951027	徐*	副教授
物流管理	物流2352	54	中国近现代史纲要	5119951027	徐*	副教授
审计学	审计2352	54	中国近现代史纲要	5120181055	李*	讲师
国际经济与贸易	国贸2352	54	中国近现代史纲要	6320220083	吴*	助教
金融学	金融2355	52	中国近现代史纲要	6320220150	刘*	副教授

图 4.165

第一种方法:

点击"工具"-"拆分表格"-"工作表按照内容拆分(O)",如图 4.166 所示。

在"拆分工作表"对话框中,将"拆分的依据"选择为"课程名称",其他设置保持默认,点击"开始拆分",如图 4.167 所示。

拆分完成后,弹出提示框,如图 4.168 所示,点击"打开文件夹"可浏览拆分后的工作表。

在存放拆分后的工作表的目录中,先按快捷键 Ctrl＋A 全选所有文件,然后右键选择"打印"执行打印,如图 4.169 所示。

图 4.166

图 4.167

图 4.168

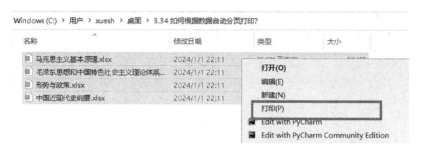

图 4.169

第二种方法：

首先根据"课程名称"排序，点击数据区域的任一单元格，选择"数据"-"分类汇总"，如图 4.170 所示。

图 4.170

在"分类汇总"对话框中，"分类字段（A）"选择"课程名称"，"汇总方式（U）"选择"计数"，"选定汇总项（D）"选择"课程名称"，勾选"每组数据分页（P）"，点击"确定"按钮，如图 4.171 所示。

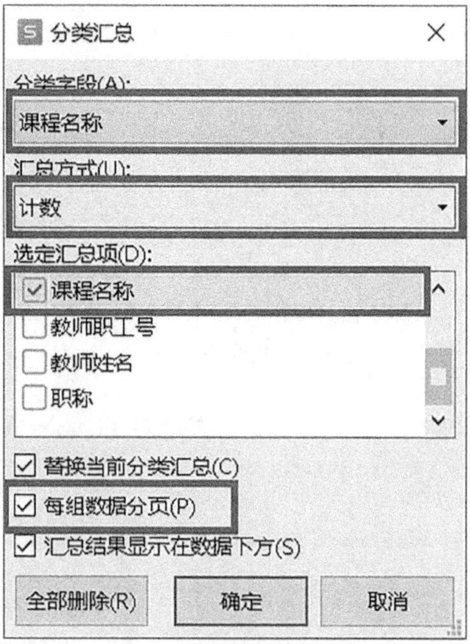

图 4.171

通过以上设置,打印时,每门课程的数据都会单独分页打印,如图 4.172 所示。

专业名称	班级名称	班级已选	课程名称	教师职工号	教师姓名	职称
国际经济与贸易	国贸2351	55	中国近现代史纲要	6320220083	吴*	助教
英语	英语2351	28	中国近现代史纲要	6320210134	戚*	助教
国际经济与贸易	国贸2353	54	中国近现代史纲要	6320220150	刘*	副教授
税收学	税收2351	54	中国近现代史纲要	5119951027	徐*	副教授
物流管理	物流2352	49	中国近现代史纲要	5119951027	徐*	副教授
审计学	审计2352	54	中国近现代史纲要	5120181055	李*	讲师
国际经济与贸易	国贸2352	54	中国近现代史纲要	6320220083	吴*	助教
金融学	金融2355	52	中国近现代史纲要	6320220150	刘*	副教授
		中国近现代史纲要 计数	中国近现代史纲要	8		

图 4.172

Remark:第二种方法需要首先将数据按照拆分的依据进行排序,上面的例子中即以"课程名称"排序。

138. 文本格式的数字不可以用于求和、求积等运算,怎么办?

文本格式的数字不能直接用于运算,该怎么办呢?

方法是将数字从文本格式转换为数字格式。

只需要鼠标左键框选所有数据单元格,点击左上角"![图标]"图标,在弹出的菜单中选择"转化为数字(C)"选项,单元格中的数字即可用于运算,如图 4.173 所示。

	A	B	C	D	E
1	学号	姓名	课程代码	课程名称	成绩
2	3320190137	唐僧	310054C	军事理论	91
3	3320190538	沙僧	310054C	军事理论	
4	3320200619	观音菩萨	310054C	军事理论	
5	3320201576	玉皇大帝	310054C	军事理论	
6	3320200011	如来佛祖	310054C	军事理论	
7	3320201741	高老头	310054C	军事理论	
8	3320210141	猪八戒	310054C	军事理论	
9	3320210142	蜘蛛精	310054C	军事理论	97
10	3320210143	小白龙	310054C	军事理论	89
11	3320210144	哪吒三太子	310054C	军事理论	96
12	3320210145	牛魔王	310054C	军事理论	96
13	3320210146	大鹏金翅	310054C	军事理论	95
14	3320210191	孙悟空	310054C	军事理论	96
15					0

弹出菜单内容:该数字是文本类型,可能导致计算结果出错! / 转换为数字(C) / 忽略错误(I) / 在编辑栏中编辑(F) / 错误检查选项(O)...

图 4.173

Remark:从信息系统导出的 Excel 文档,信息系统数据库存储的数据大多以文本型结构存储,因此导出为 Excel 文档时,其默认格式也是文本格式。

139. 如何去除姓名中的空格?

如图 4.174 的表格,需要去掉其姓名中的空格,该怎么办?

▲	A	B
1	带空格的姓名	去掉空格的姓名
2	曹操	
3	袁绍	
4	夏侯惇	
5	甘宁	
6	太史慈	
7	魏延	
8	姜维	
9	刘备	
10	关羽	
11	张飞	

图 4.174

第一种方法：

按快捷键 Ctrl＋H，在"替换"对话框的"查找内容（N）"中输入一个空格，"替换为（E）"中不要有任何输入，最后点击"全部替换（A）"即可，如图 4.175 所示。

图 4.175

第二种方法：

在单元格 B2 中输入＝SUBSTITUTE(A2," ","")，然后按回车键，如图 4.176 所示，再将鼠标光标放置于 B2 单元格的右下角，待光标变为实心十字"＋"后，双击鼠标左键，即可批量去掉姓名中的空格。

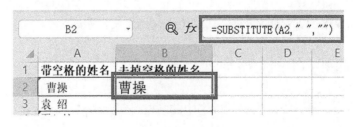

图 4.176

140. 如何去除字符串中的某个字?

如需去掉图 4.177 中的某个字,比如“刘”字,该怎么办?

	A	B
1	**姓名**	
2	刘姥姥	
3	刘老根	
4	赵本山	
5	刘能	

图 4.177

第一种方法:使用查找替换功能,在“查找内容(N)”中输入“刘”,“替换为(E)”中不要有任何输入,最后点击“全部替换(A)”。

第二种方法:在 B2 单元格中输入=SUBSTITUTE(A2,"刘","")后回车,将鼠标光标放置于 B2 单元格的右下角,待光标变为实心十字“✚”后双击鼠标左键。

141. 如何替换字符串中的某个字?

如需替换图 4.178 中的某个字,比如将“刘”替换为“王”,该怎么办?

	A	B
1	**姓名**	
2	刘姥姥	
3	刘老根	
4	赵本山	
5	刘能	

图 4.178

第一种方法:使用查找替换功能,在“查找内容(N)”中输入“刘”,“替换为(E)”中输入“王”,最后点击“全部替换(A)”。

第二种方法:在 B2 单元格中输入=SUBSTITUTE(A2,"刘","王")后回车,将鼠标光标放置于 B2 单元格的右下角,待光标变为实心十字“✚”后双击鼠标左键。

142. 记不住函数，我该怎么办？

如果你记不住 Excel 函数，可以采取以下几种方法来帮助你记忆：

（1）分类记忆：可以根据 Excel 函数的功能对其进行分类，例如日期函数、文本函数、数学函数等。根据自己的需要，分类学习相关函数，这样更容易记忆，WPS 表格已为函数进行了分类，如图 4.179 所示。

图 4.179

（2）使用函数助手：Excel 中有一些函数助手可以帮助你快速理解和记忆函数，在输入函数名称的前几个字符后，Excel 会自动弹出相关的备选函数，可通过备选函数获取函数的详细信息和用法。例如在单元格输入＝sum 时，WPS 将自动弹出求和系列函数及其功能介绍，如图 4.180 所示。

图 4.180

（3）制作函数卡片：可将常用的函数写在一张卡片上，并注明每个函数的参数和用法。这样可以帮助自己随时复习和记忆函数。

（4）多实践多练习：记忆 Excel 函数最好的方法就是多实践多练习。通过实际操作，可以更好地理解函数的用法和参数，从而加深对函数的记忆。

（5）参考教程和帮助文档：Excel 的官方网站和帮助文档中都提供了大量的教程和函数说明，可以通过参考这些资料来学习 Excel 函数。

（6）利用搜索引擎：如果使用中遇到了问题，可以通过搜索引擎快速找到解决方案。例如，输入"Excel 函数使用技巧"等关键词，就可以找到很多相关的教程和文章。

记住，函数学习是一个渐进的过程，需要不断地练习和巩固。

143. 如何画出正方形或圆形?

在画正方形或圆形时,按住 Shift 键即可画出规则的正方形或圆形,否则容易画成长方形或椭圆形。

144. 如何自动调整列宽?

如果有多列内容需要调整列宽,有没有快速的调整方法?

如图 4.181 所示,选择需要调整的列 B:E,将鼠标光标放置在列与列之间的连接处,当光标变为左右双面箭头"✛"时,双击鼠标左键就可以自动调整列宽。

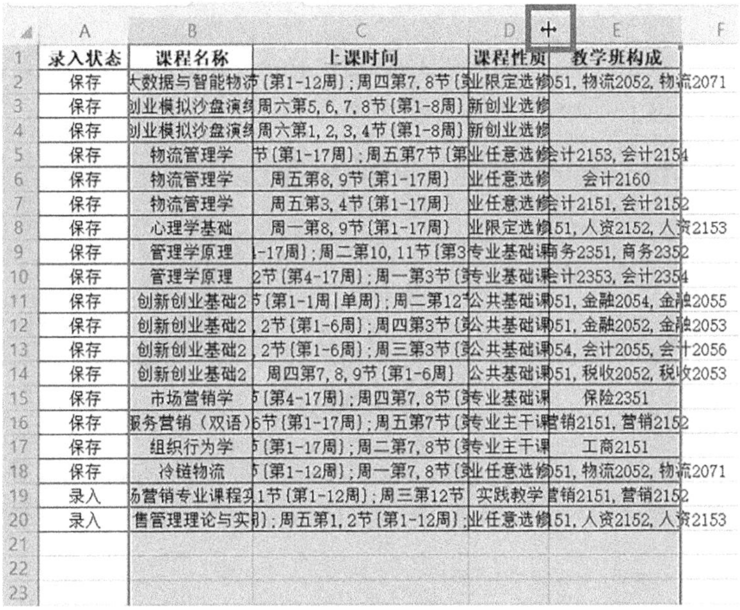

	A	B	C	D	E
1	录入状态	课程名称	上课时间	课程性质	教学班构成
2	保存	大数据与智能物流	(第1-12周);周四第7,8节(第	业限定选修	51,物流2052,物流2071
3	保存	创业模拟沙盘演练	周六第5,6,7,8节(第1-8周)	新创业选修	
4	保存	创业模拟沙盘演练	周六第1,2,3,4节(第1-8周)	新创业选修	
5	保存	物流管理学	节(第1-17周);周五第7节(第	业任意选修	会计2153,会计2154
6	保存	物流管理学	周五第8,9节(第1-17周)	业任意选修	会计2160
7	保存	物流管理学	周五第3,4节(第1-17周)	业任意选修	会计2151,会计2152
8	保存	心理学基础	周一第8,9节(第1-17周)	业限定选修	51,人资2152,人资2153
9	保存	管理学原理	4-17周);周二第10,11节(第3	专业基础课	商务2351,商务2352
10	保存	管理学原理	2节(第4-17周);周一第3节(第	专业基础课	会计2353,会计2354
11	保存	创新创业基础2	节(第1-1周|单周);周二第12节	公共基础课	51,金融2054,金融2055
12	保存	创新创业基础2	,2节(第1-6周);周四第3节(第	公共基础课	51,金融2052,金融2053
13	保存	创新创业基础2	,2节(第1-6周);周三第3节(第	公共基础课	54,会计2055,会计2056
14	保存	创新创业基础2	周四第7,8,9节(第1-6周)	公共基础课	51,税收2052,税收2053
15	保存	市场营销学	节(第4-17周);周四第7,8节(第	专业基础课	保险2351
16	保存	服务营销(双语)	6节(第1-17周);周五第7节(第	专业主干课	营销2151,营销2152
17	保存	组织行为学	节(第1-17周);周二第7,8节(第	专业主干课	工商2151
18	保存	冷链物流	节(第1-12周);周一第7,8节(第	业任意选修	51,物流2052,物流2071
19	录入	场营销专业课程实	1节(第1-12周);周三第12节	实践教学	营销2151,营销2152
20	录入	售管理理论与实	周);周五第1,2节(第1-12周);	业任意选修	51,人资2152,人资2153
21					
22					
23					

图 4.181

145. 复制、粘贴单元格区域时,如何保留原先的行高和列宽?

有些时候,我们会将工作表中某一单元格区域中的数据复制粘贴到另外一个工作表中,此时如果想保留原先的行高和列宽,该怎么办呢?

下面以图 4.182 所示的招聘信息为例,演示如何在将"金融税收系"的招聘信息单独拷贝到空白工作表时,保留原来的行高和列宽。

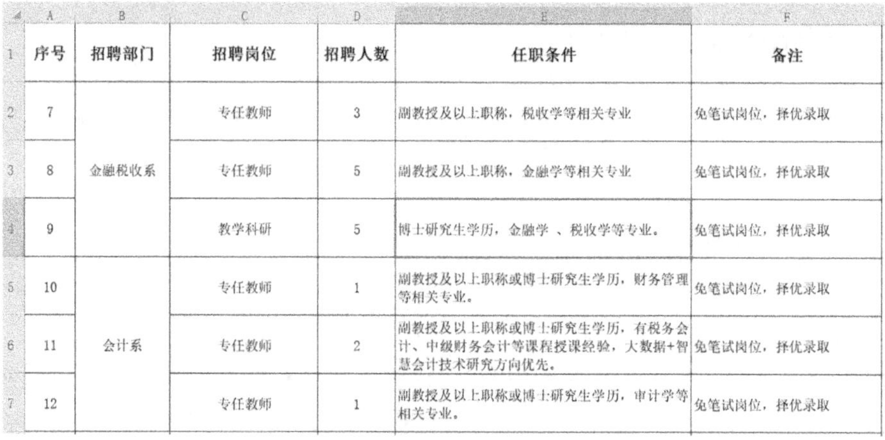

序号	招聘部门	招聘岗位	招聘人数	任职条件	备注
7	金融税收系	专任教师	3	副教授及以上职称，税收学等相关专业	免笔试岗位，择优录取
8		专任教师	5	副教授及以上职称，金融学等相关专业	免笔试岗位，择优录取
9		教学科研	5	博士研究生学历，金融学 、税收学等专业。	免笔试岗位，择优录取
10	会计系	专任教师	1	副教授及以上职称或博士研究生学历，财务管理等相关专业。	免笔试岗位，择优录取
11		专任教师	2	副教授及以上职称或博士研究生学历，有税务会计、中级财务会计等课程授课经验，大数据+智慧会计技术研究方向优先。	免笔试岗位，择优录取
12		专任教师	1	副教授及以上职称或博士研究生学历，审计学等相关专业。	免笔试岗位，择优录取

图 4.182

首先选中第 1 行至第 4 行(请特别注意:选择的是完整的行,而非仅仅是有内容的单元格区域),按快捷键 Ctrl+C,如图 4.183 所示。

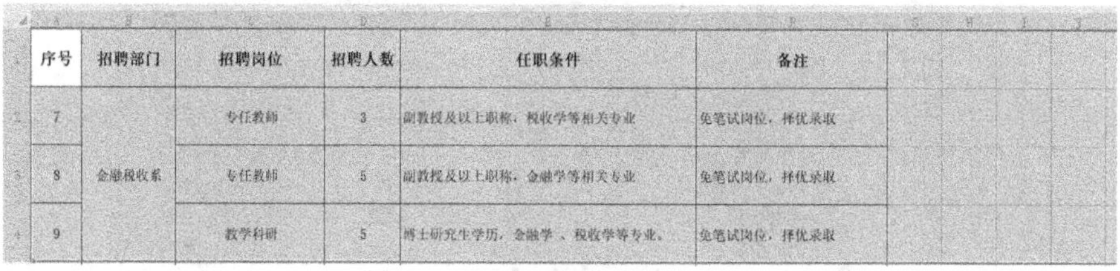

序号	招聘部门	招聘岗位	招聘人数	任职条件	备注
7	金融税收系	专任教师	3	副教授及以上职称，税收学等相关专业	免笔试岗位，择优录取
8		专任教师	5	副教授及以上职称，金融学等相关专业	免笔试岗位，择优录取
9		教学科研	5	博士研究生学历，金融学 、税收学等专业。	免笔试岗位，择优录取

图 4.183

按快捷键 Ctrl+N 新建一个空白的 Excel 文件,在新建的 Excel 工作表中,点击第一个单元格 A1,按快捷键 Ctrl+V,显示的结果如图 4.184 所示,请注意“选择性粘贴”小图标“ ”。

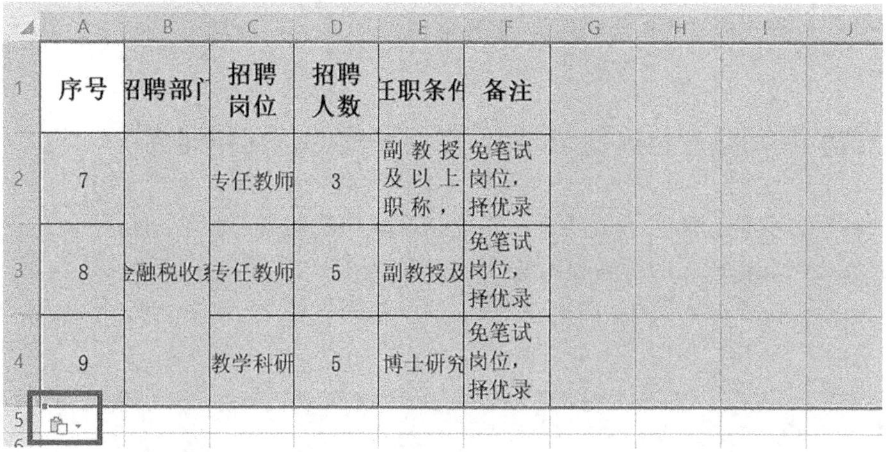

序号	招聘部门	招聘岗位	招聘人数	任职条件	备注
7		专任教师	3	副教授及以上职称，	免笔试岗位，择优录
8	金融税收系	专任教师	5	副教授及	免笔试岗位，择优录
9		教学科研	5	博士研究	免笔试岗位，择优录

图 4.184

点击"选择性粘贴"小图标" ⬆️ ▾ ",选择"保留源列宽(W)"即可,如图 4.185 所示。

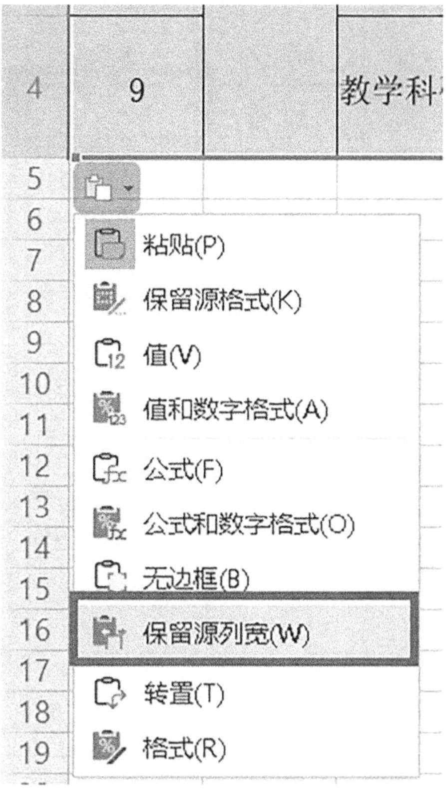

图 4.185

146. 为相邻单元格输入相同内容,怎么办?

第二课堂是指在第一课堂以外,学生利用课余时间开展的有利于拓展学生素质、培养学生实践能力和创新精神的各类活动。

第二课堂活动分为社会实践、阅读写作、劳动与志愿服务、演讲沟通、学术研习、班团实践、科创文化等模块(每所高校有所不同,但大同小异)。

假如辅导员或班主任在登记第二课堂模块成绩时,大部分学生的成绩都为"及格",少量为"优秀"或"不及格",可采用先整体录入"及格",再个别调整的方法,那么如何快速录入"及格"?

第一种方法:在图 4.186 所示的"成绩"列中,先选中单元格区域 B2:B24,然后录入"及格",再按快捷键 Ctrl+Enter。

	A	B
1	姓名	成绩
2	刘备	
3	关羽	
4	张飞	
5	赵云	
6	马超	
7	黄忠	
8	孙策	
9	周瑜	
10	司马懿	
11	诸葛亮	
12	庞统	
13	鲁肃	
14	貂蝉	
15	甄姬	
16	孙尚香	
17	吕布	
18	曹操	
19	袁绍	
20	夏侯惇	
21	甘宁	
22	太史慈	
23	魏延	
24	姜维	
25		

图 4.186

第二种方法:在"成绩"列的单元格 B2 中录入"及格",将鼠标光标放置于 B2 单元格的右下角,待光标变为实心十字"✚"后双击鼠标左键即可。

147. 想在不相邻单元格中输入相同内容,怎么办?

Remark:仅为演示,不考虑双休日和工作日休息。

在图 4.187 所示的员工出勤汇总明细表中,只记录了病假、事假、迟到、早退等异常情况,并未记录正常上班情况,想快速将空白处补上"正常打卡",该怎么办?

	姓名	3月1日	3月2日	3月3日	3月4日	3月5日	3月8日	3月9日	3月10日	3月11日	3月12日
1	姓名	3月1日	3月2日	3月3日	3月4日	3月5日	3月8日	3月9日	3月10日	3月11日	3月12日
2	孙悟空										
3	六耳猕猴										
4	红孩儿		迟到								
5	二郎神										
6	老狮王魔头			事假							
7	镇元大仙						病假				
8	菩提老祖										
9	唐僧								旷工		
10	沙僧			事假							
11	观音菩萨										
12	玉皇大帝										
13	如来佛祖						病假				
14	高老头									早退	
15	猪八戒										
16	蜘蛛精										
17	小白龙										
18	哪吒三太子	迟到								早退	
19	牛魔王										
20	大鹏金翅					病假				婚假	婚假

图 4.187

第一种方法:使用"数据"-"填充"-"智能填充"按钮。

首先选择单元格区域 B2:K20,然后依次选择"数据"-"填充"-"空白单元格填充",如图 4.188 所示。

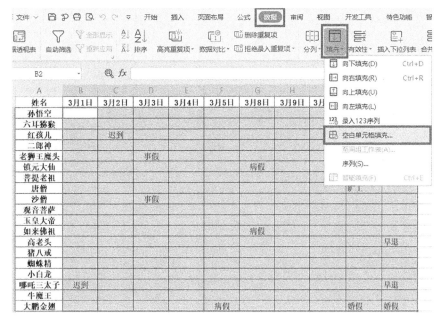

图 4.188

在"空白单元格填充值"对话框中选择"指定字符",内容输入"正常打卡"后点击"确定"按钮,如图 4.189 所示,最终结果如图 4.190 所示。

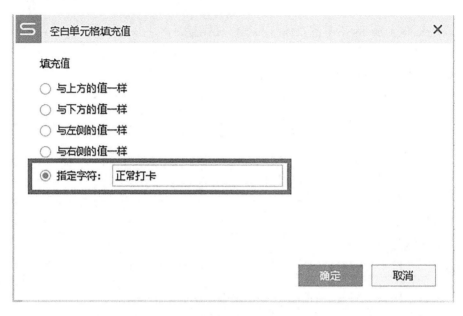

图 4.189

姓名	3月1日	3月2日	3月3日	3月4日	3月5日	3月8日	3月9日	3月10日	3月11日	3月12日
孙悟空	正常打卡	正常打卡	正常打卡	正常打卡	正常打卡	正常打卡	正常打卡	正常打卡	正常打卡	正常打卡
六耳猕猴	正常打卡	正常打卡	正常打卡	正常打卡	正常打卡	正常打卡	正常打卡	正常打卡	正常打卡	正常打卡
红孩儿	正常打卡	迟到	正常打卡	正常打卡	正常打卡	正常打卡	正常打卡	正常打卡	正常打卡	正常打卡
二郎神	正常打卡	正常打卡	正常打卡	正常打卡	正常打卡	正常打卡	正常打卡	正常打卡	正常打卡	正常打卡
老狮王魔头	正常打卡	正常打卡	事假	正常打卡	正常打卡	正常打卡	正常打卡	正常打卡	正常打卡	正常打卡
镇元大仙	正常打卡	正常打卡	正常打卡	正常打卡	病假	正常打卡	正常打卡	正常打卡	正常打卡	正常打卡
菩提老祖	正常打卡	正常打卡	正常打卡	正常打卡	正常打卡	正常打卡	正常打卡	正常打卡	正常打卡	正常打卡
唐僧	正常打卡	正常打卡	正常打卡	正常打卡	正常打卡	正常打卡	正常打卡	正常打卡	旷工	正常打卡
沙僧	正常打卡	正常打卡	事假	正常打卡	正常打卡	正常打卡	正常打卡	正常打卡	正常打卡	正常打卡
观音菩萨	正常打卡	正常打卡	正常打卡	正常打卡	正常打卡	正常打卡	正常打卡	正常打卡	正常打卡	正常打卡
玉皇大帝	正常打卡	正常打卡	正常打卡	正常打卡	正常打卡	正常打卡	正常打卡	正常打卡	正常打卡	正常打卡
如来佛祖	正常打卡	正常打卡	正常打卡	正常打卡	病假	正常打卡	正常打卡	正常打卡	正常打卡	正常打卡
高老头	正常打卡	正常打卡	正常打卡	正常打卡	正常打卡	正常打卡	正常打卡	正常打卡	正常打卡	早退
猪八戒	正常打卡	正常打卡	正常打卡	正常打卡	正常打卡	正常打卡	正常打卡	正常打卡	正常打卡	正常打卡
蜘蛛精	正常打卡	正常打卡	正常打卡	正常打卡	正常打卡	正常打卡	正常打卡	正常打卡	正常打卡	正常打卡
小白龙	正常打卡	正常打卡	正常打卡	正常打卡	正常打卡	正常打卡	正常打卡	正常打卡	正常打卡	正常打卡
哪吒三太子	迟到	正常打卡	正常打卡	正常打卡	正常打卡	正常打卡	正常打卡	正常打卡	正常打卡	早退
牛魔王	正常打卡	正常打卡	正常打卡	正常打卡	正常打卡	正常打卡	正常打卡	正常打卡	正常打卡	正常打卡
大鹏金翅	正常打卡	正常打卡	正常打卡	正常打卡	病假	正常打卡	正常打卡	正常打卡	婚假	婚假

图 4.190

第二种方法:先定位,再填充。

首先选择所有单元格区域,然后按下快捷键 Ctrl+G,弹出"定位"对话框,在"定位"选项卡中选择"空值(K)"后按下"定位(T)"键,如图 4.191 所示。

图 4.191

此时界面如图 4.192 所示。

姓名	3月1日	3月2日	3月3日	3月4日	3月5日	3月8日	3月9日	3月10日	3月11日	3月12日
孙悟空										
六耳猕猴										
红孩儿		迟到								
二郎神										
老狮王魔头			事假							
镇元大仙						病假				
菩提老祖										
唐僧									旷工	
沙僧			事假							
观音菩萨										
玉皇大帝										
如来佛祖						病假				
高老头									早退	
猪八戒										
蜘蛛精										
小白龙										
哪吒三太子	迟到								早退	
牛魔王										
大鹏金翅					病假				婚假	婚假

图 4.192

键盘录入"正常打卡"4 个字后按下快捷键 Ctrl+Enter，此时已在空白处批量填充"正常打卡"，如图 4.193 所示。

姓名	3月1日	3月2日	3月3日	3月4日	3月5日	3月8日	3月9日	3月10日	3月11日	3月12日
孙悟空	正常打卡	正常打卡	正常打卡	正常打卡	正常打卡	正常打卡	正常打卡	正常打卡	正常打卡	正常打卡
六耳猕猴	正常打卡	正常打卡	正常打卡	正常打卡	正常打卡	正常打卡	正常打卡	正常打卡	正常打卡	正常打卡
红孩儿	正常打卡	迟到	正常打卡	正常打卡	正常打卡	正常打卡	正常打卡	正常打卡	正常打卡	正常打卡
二郎神	正常打卡	正常打卡	正常打卡	正常打卡	正常打卡	正常打卡	正常打卡	正常打卡	正常打卡	正常打卡
老狮王魔头	正常打卡	正常打卡	事假	正常打卡	正常打卡	正常打卡	正常打卡	正常打卡	正常打卡	正常打卡
镇元大仙	正常打卡	正常打卡	正常打卡	正常打卡	正常打卡	病假	正常打卡	正常打卡	正常打卡	正常打卡
菩提老祖	正常打卡	正常打卡	正常打卡	正常打卡	正常打卡	正常打卡	正常打卡	正常打卡	正常打卡	正常打卡
唐僧	正常打卡	正常打卡	正常打卡	正常打卡	正常打卡	正常打卡	正常打卡	正常打卡	旷工	正常打卡
沙僧	正常打卡	正常打卡	事假	正常打卡	正常打卡	正常打卡	正常打卡	正常打卡	正常打卡	正常打卡
观音菩萨	正常打卡	正常打卡	正常打卡	正常打卡	正常打卡	正常打卡	正常打卡	正常打卡	正常打卡	正常打卡
玉皇大帝	正常打卡	正常打卡	正常打卡	正常打卡	正常打卡	正常打卡	正常打卡	正常打卡	正常打卡	正常打卡
如来佛祖	正常打卡	正常打卡	正常打卡	正常打卡	正常打卡	病假	正常打卡	正常打卡	正常打卡	正常打卡
高老头	正常打卡	正常打卡	正常打卡	正常打卡	正常打卡	正常打卡	正常打卡	正常打卡	早退	
猪八戒	正常打卡	正常打卡	正常打卡	正常打卡	正常打卡	正常打卡	正常打卡	正常打卡	正常打卡	正常打卡
蜘蛛精	正常打卡	正常打卡	正常打卡	正常打卡	正常打卡	正常打卡	正常打卡	正常打卡	正常打卡	正常打卡
小白龙	正常打卡	正常打卡	正常打卡	正常打卡	正常打卡	正常打卡	正常打卡	正常打卡	正常打卡	正常打卡
哪吒三太子	迟到	正常打卡	正常打卡	正常打卡	正常打卡	正常打卡	正常打卡	正常打卡	早退	
牛魔王	正常打卡	正常打卡	正常打卡	正常打卡	正常打卡	正常打卡	正常打卡	正常打卡	正常打卡	正常打卡
大鹏金翅	正常打卡	正常打卡	正常打卡	正常打卡	病假	正常打卡	正常打卡	正常打卡	婚假	婚假

图 4.193

Remark：第一种方法更简单些，推荐使用。

148. 如何输入 1、3、5、7 奇数序列，最大值不超过 10 000？

首先在第一个单元格中输入"1"，然后选择该单元格，依次点击"数据"-"填充"-"序列(S)..."，如图 4.194 所示。

图 4.194

在"序列"对话框中，"序列产生在"选择"列(C)"，"步长值(S)"设置为 2，"终止值(O)"设置为 10 000，最后点击"确定"即可，如图 4.195 所示。

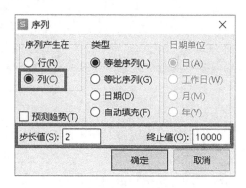

图 4.195

Remark：请注意"填充"下有"智能填充"选项（在"序列"下面），该选项可以代替快捷键 Ctrl＋E。

149. 如何填充日期？

高校行政人员、辅导员都需参加学校或部门的值班，排班部门在制作值班表时，如何针对不同的日期需求进行填充呢？

（1）填充不间断日期

先在"日期"列的 A2 单元格中录入值班起始日期，然后将鼠标光标放置于 A2 单元格的右下角,待光标变为实心十字"✚"后,如图 4.196 所示,按住鼠标左键向下拖拽,直至填充至排班结束日期。

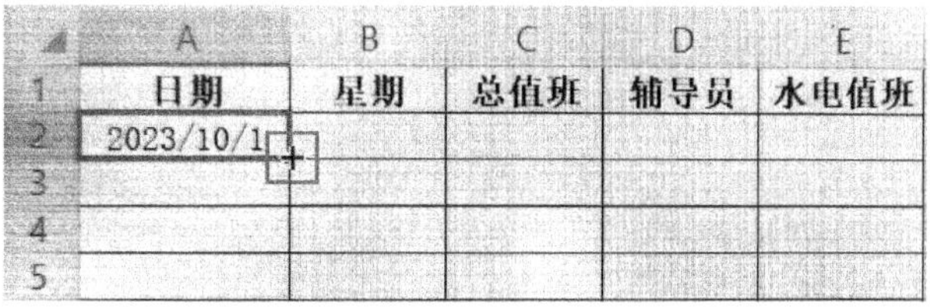

图 4.196

以排班半月为例,填充好的日期如图 4.197 所示。

图 4.197

（2）填充工作日（排除周末）

先在"日期"列的 A2 单元格中录入值班起始日期,然后将鼠标光标放置于 A2 单元格的右下角,待光标变为实心十字"✚"后,如图 4.198 所示,按住鼠标左键向下拖拽,直至填充至排班结束日期（至此的步骤与填充不间断日期操作相同）。

图 4.198

仍然以排班半个月为例,点击排班结束日期"2023/10/15"右下方的""图标,如图4.199 所示。

在弹出的"填充"选项中选择"以工作日填充(W)",然后检查一下是否含有国定节假日调休日期,如果有则去掉多余的日期即可。

图 4.199

Remark:读者可自行选择"填充"选项中的"以月填充(M)"和"以年填充(Y)",查看填充效果。

150. 如何将日期转换为星期?

值班表中设置"星期"一栏,有利于值班人员更好地记忆自己的值班时间,那么如何将日期转换为星期呢?

以图 4.200 为例,演示在 B 列中添加"星期"的步骤。

	A	B	C	D	E
1	日期	星期	总值班	辅导员	水电值班
2	2023/10/1				
3	2023/10/2				
4	2023/10/3				
5	2023/10/4				
6	2023/10/5				
7	2023/10/6				
8	2023/10/7				
9	2023/10/8				
10	2023/10/9				
11	2023/10/10				
12	2023/10/11				
13	2023/10/12				
14	2023/10/13				
15	2023/10/14				
16	2023/10/15				

图 4.200

在 B2 单元格中输入公式＝WEEKDAY(A2,2)，按 Enter 回车键后得到"2023/10/1"
对应"7"（即星期日），如图 4.201 所示。

图 4.201

将鼠标光标放置于 B2 单元格的右下角，待光标变为实心十字"✚"后，双击鼠标左键，
即可批量填充 A 列日期对应的星期，如图 4.202 所示。

日期	星期	总值班	辅导员	水电值班
2023/10/1	7			
2023/10/2	1			
2023/10/3	2			
2023/10/4	3			
2023/10/5	4			
2023/10/6	5			
2023/10/7	6			
2023/10/8	7			
2023/10/9	1			
2023/10/10	2			
2023/10/11	3			
2023/10/12	4			
2023/10/13	5			
2023/10/14	6			
2023/10/15	7			

图 4.202

选中所有小写星期所在的单元格区域，即 B2:B16，按快捷键 Ctrl＋1，弹出"单元格格
式"对话框，点击"数字"选项卡中的"特殊"，再点击"中文小写数字"，如图 4.203 所示。

图 4.203

Remark：在录入函数公式的过程中，WPS 会自动弹出所录字符串匹配到的函数，并显示函数作用，如图 4.204 所示，按上下键进行函数的选择，再按 Enter（回车）键完成确认。

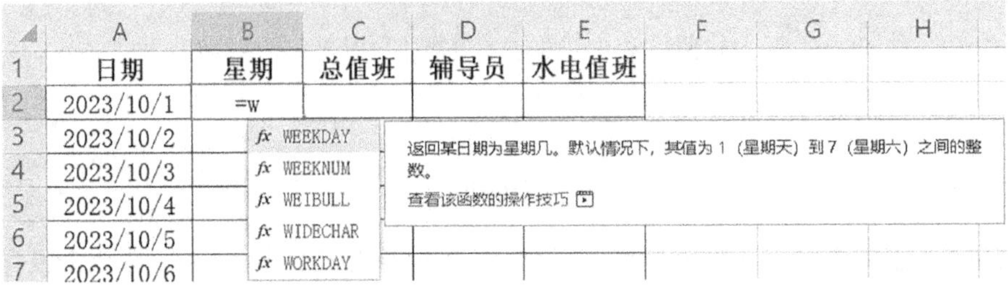

	A	B	C	D	E	F	G	H
1	日期	星期	总值班	辅导员	水电值班			
2	2023/10/1	=w						
3	2023/10/2	*fx* WEEKDAY						
4	2023/10/3	*fx* WEEKNUM						
5	2023/10/4	*fx* WEIBULL						
6	2023/10/5	*fx* WIDECHAR						
7	2023/10/6	*fx* WORKDAY						

返回某日期为星期几。默认情况下，其值为 1（星期天）到 7（星期六）之间的整数。

查看该函数的操作技巧 ▣

图 4.204

最终的效果如图 4.205 所示。

日期	星期	总值班	辅导员	水电值班
2023/10/1	七			
2023/10/2	一			
2023/10/3	二			
2023/10/4	三			
2023/10/5	四			
2023/10/6	五			
2023/10/7	六			
2023/10/8	七			
2023/10/9	一			
2023/10/10	二			
2023/10/11	三			
2023/10/12	四			
2023/10/13	五			
2023/10/14	六			
2023/10/15	七			

图 4.205

151. 如何核算学分绩点？

在高校中，一个学生完整的课程成绩记录包括学年、学期、课程代码、课程名称、选课课号、学分、课程总学时、任课教师、重修标识、平时成绩、期中成绩、实验成绩、期末成绩、总评成绩、补考成绩、重修成绩、绩点等信息，期中成绩和实验成绩只有少量课程拥有相应记录，而大部分课程只有平时成绩、期末成绩和总评成绩，总评成绩由平时成绩、期中成绩、期末成绩等按照一定的比例折算而成。

总评成绩采用百分制或五级制（优秀、良好、中等、及格、不及格）记分。

与课程总评成绩对应的是该课程的学分绩点。学分和平均学分绩点反映学生学习的量和质。

总评成绩与学分绩点的互换关系表

制式	互换关系				
五级制	优(95)	良(85)	中(75)	及格(65)	不及格
百分制	100～90	89～80	79～70	69～60	59 以下
绩点制	5.0～4.0	3.9～3.0	2.9～2.0	1.9～1	0

学分绩点的计算：

（1）以 60 分学分绩点为 1.0，100 分学分绩点为 5.0，从 60 分到 100 分每增加 1 分，递增 0.1 学分绩点。

（2）课程学分绩点：将课程考试成绩按上表转化为绩点数，再乘以该课程的学分，其积则为该课程的学分绩点。即：

$$课程学分绩点＝课程学分数×绩点数$$

（3）平均学分绩点：将一学期（或一学年）所修全部课程的学分绩点之和除以该学期（或该学年）所修全部课程的学分数之和。即：

$$平均学分绩点＝\sum（各门课程学分绩点×各门课程学分）/\sum 各门课程学分数$$

例如：某学生的五门课程的学分和成绩为：A 课程 4 个学分，成绩 92(4.2)；B 课程 3 个学分，成绩 80(3.0)；C 课程 2 个学分，成绩 98(4.8)；D 课程 6 个学分，成绩 70(2.0)；E 课程 3 个学分，成绩 89(3.9)。

以上五项成绩平均学分绩点为：$(4.2×4＋3.0×3＋4.8×2＋2.0×6＋3.9×3)÷(4＋3＋2＋6＋3)＝3.28$

Remark：平均学分绩点（Grade Point Average，即 GPA）是以学分与绩点作为衡量学生学习的量与质的计算单位，以取得一定的学分和平均学分绩点作为毕业和获得学位的标准，实施多样的教育规格和较灵活的教学管理制度。GPA 评分标准在全球各国的学校系统中都扮演着重要的角色。不同国家和地区对于 GPA 的定义和计算方法存在一定的差异，但总体来说都是为了评估学生的学习成绩和能力而设计的。上面介绍的就是我国大部分高校所采用的是五分制 GPA，除了五分制，还有四分制、七分制、十分制等，感兴趣的读者可上网搜索相关知识。

152. 如何让表格打印出来更美观？

（1）表格居中打印

依次点击"页面布局"-"页边距"-"自定义页边距(A)..."打开"页面设置"对话框。

在"页面设置"对话框中，点击"页面距"选项卡，将左、右边距设置为一样的值，然后"居中方式"选项组中勾选"水平(Z)"，如图 4.206 所示，这样表格就居中打印了。

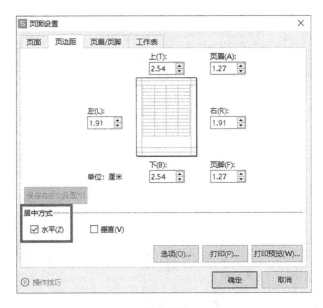

图 4.206

(2) 将所有列打印在一页

有时表格字段比较多(即所有列的宽度比较大),即便将纸张方向由"纵向"调整为"横向",仍然溢出,该怎么办呢?

依次点击"页面布局"-"打印缩放"-"将所有列打印在一页(C)",如图 4.207 所示。

图 4.207

(3) 将所有行打印在一页

偶尔还会出现行数比较多,正常打印需 1 页多,但又不满 2 页,为阅读方便并节约纸张,要将其打印在一页上,该怎么办呢?

依次点击"页面布局"-"打印缩放"-"将所有行打印在一页(R)",如图 4.208 所示。

Remark:在"打印缩放"选项卡中有多个选项,默认为"无缩放(N)",读者在日常工作中可根据打印后由谁阅读来灵活掌握,但一定要确保缩放后的字体大小合适。

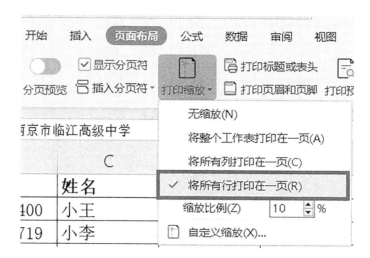

图 4.208

致　谢

在学习 Excel 的过程中,本人深受陈锡卢先生(网名卢子)的影响,其作品有《Excel 效率手册 早做完,不加班》《卢子 Excel 高手速成视频教程 早做完,不加班》《Excel VBA 跟卢子一起学 早做完,不加班》等,每一部作品都有趣,通过聊天的方式讲解,让读者在轻松愉快的环境中学到 Excel 使用技能。

同时,在编写本书时,也大量借鉴了沈敏捷先生所著《重构你的办公效率 120 个 Office 应用技巧》一书所使用的问答式内容编写方式。

在此,对陈锡卢先生、沈敏捷先生一并表达感谢与敬意。